中国通信学会普及与教育工作委员会推荐教材

21世纪高职高专电子信息类规划教材

21 Shiji Gaozhi Gaozhuan Dianzi Xinxilei Guihua Jiaocai

# 通信工程项目招标投标理论与实务

杨燕玲 李华 主编



Electronic Information

人民邮电出版社

北京

图书在版编目（CIP）数据

通信工程项目招标投标理论与实务 / 杨燕玲，李华主编. -- 北京 : 人民邮电出版社，2018.9
21世纪高职高专电子信息类规划教材
ISBN 978-7-115-48710-0

Ⅰ. ①通… Ⅱ. ①杨… ②李… Ⅲ. ①通信工程－招标－高等职业教育－教材②通信工程－投标－高等职业教育－教材 Ⅳ. ①TN91

中国版本图书馆CIP数据核字(2018)第137034号

## 内容提要

本书全面介绍了通信工程项目招标投标工作的理论知识和工作方法。全书共分为 7 章，内容包括招标投标概述、招标投标的法律法规体系、招标投标的规定和程序、通信工程项目招标投标、电子招标投标的应用、通信工程招标投标风险与法律责任，以及通信建设项目招标投标案例等内容。

本书可以作为高职高专通信项目管理、通信设计与监理、通信技术等相关专业的教材，也可以作为通信工程项目招标投标培训班的教材和从事通信工程招标投标工作人员的指导用书。

◆ 主　　编　杨燕玲　李　华
责任编辑　左仲海
责任印制　马振武
◆ 人民邮电出版社出版发行　北京市丰台区成寿寺路 11 号
邮编　100164　电子邮件　315@ptpress.com.cn
网址　https://www.ptpress.com.cn
北京盛通印刷股份有限公司印刷
◆ 开本：787×1092　1/16
印张：10　2018 年 9 月第 1 版
字数：245 千字　2024 年 12 月北京第 8 次印刷

定价：35.00 元

读者服务热线：(010)81055256　印装质量热线：(010)81055316
反盗版热线：(010)81055315
广告经营许可证：京东市监广登字 20170147 号

# 前言

目前，招标投标制度在全国的通信工程建设领域中已经得到了广泛的应用和推广，为通信工程的项目质量提供了有力保障。通信工程项目作为满足公众日益增长的信息通信服务需求，实现宽带中国战略的重要基础，具有自己的项目特点。通信建设工程招标投标结合通信建设领域和招标投标领域的特点形成了行业特有的惯例。工业和信息化部出台了《通信工程建设项目招标投标管理办法》以指导通信领域的招标投标工作。通信工程招标投标不仅是专业的招标代理机构的主营业务，也是通信行业从建设单位到设计、施工、监理、设备提供商等工程建设相关单位都需要涉及的工作内容，招标投标理论和工作流程已经成为通信行业从业者需要掌握的基础知识。为了适应这一需求，很多高职院校通信类专业已经开设了“通信工程招投标”课程，为未来学生从事通信项目招标投标代理工作或从事公司内部招标投标项目管理工作提供了知识储备和技能训练。该课程也已经成为高职院校通信工程设计与监理专业的专业必修课程。

本书主要针对高等职业院校学生的特点，突出素质教育，以培养学生的能力为本位，以提高学生的就业技能为导向。本书内容由浅入深，从招标投标的基本法规要求入手，系统讲解招标投标工作流程，并辅以大量案例，系统而全面地介绍了通信工程项目招标投标的方法、理论、程序与操作实务。本书注重理论与实践的结合，使学生能通过实践深化对理论的理解，学会并掌握理论知识的实际应用，能更好地培养学生的专业技能和实践能力，学生在学完本书后能学以致用。

参与本书编写工作的人员为具有实际招标投标工作经验的高级工程师，具有丰富的教学经验和实践经验。

本书的参考学时为 48～64 学时，各章的参考学时见下面的学时分配表。

学时分配表

| 项　　目 | 课 程 内 容 | 学　　时 |
|---|---|---|
| 第 1 章 | 招标投标概述 | 2～4 |
| 第 2 章 | 招标投标的法律法规体系 | 4～6 |
| 第 3 章 | 招标投标的规定和程序 | 18～22 |
| 第 4 章 | 通信工程项目招标投标特点和要求 | 10～12 |
| 第 5 章 | 电子招标投标的应用 | 6～8 |
| 第 6 章 | 通信工程招标投标风险与法律责任 | 2～4 |
| 第 7 章 | 通信建设项目招标投标案例 | 4～6 |
| | 课程考评 | 2 |
| 课时总计 | | 48～64 |

本书由杨燕玲、李华担任主编，陈雪娴、梁艳群、骆智芳、张远芳负责文字编辑和资料整理工作。在相关案例资料收集期间，得到了广东达安项目管理股份有限公司郑善清高级工程师和杨金环的大力支持，特此感谢。本书相关教学资源可通过人民邮电出版社教育社区

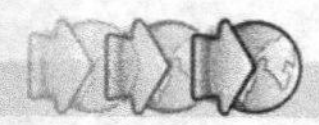


（www.ryjiaoyu.com.cn）下载。

由于编者水平和经验有限，书中难免有疏漏和不妥之处，恳请读者批评指正。

编　者

2018 年 1 月

# 目录

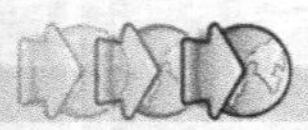

# 第1章 招标投标概述

**学习目标**

- 了解招标投标制度的发展历程、现状和发展方向。
- 掌握招标投标制度适用的范围和作用。
- 理解招标投标制度的作用。
- 熟悉采购的其他形式。

招标投标是市场主体通过有序竞争，择优配置工程、货物和服务要素的交易方式，是规范选择交易主体和订立交易合同的合法程序。我国招标投标制度伴随着改革开放而得到广泛应用，是传统计划经济向社会主义市场经济转变，以及建立和规范市场竞争秩序的重要手段。招标投标制度为打破传统计划经济的分割、封闭，激发企业竞争的活力，优化市场资源配置，确保工程、货物、服务项目质量，提高经济和社会效益，规范市场主体行为，构建防腐倡廉体系等发挥了举足轻重的作用。随着招标投标法律体系和行政监督、社会监督体制的建立健全，以及市场主体诚信自律机制的逐步完善，招标投标制度必将获得更加广阔的运用和健康、持续的发展。

## 1.1 招标投标制度的建立与发展

### 1.1.1 招标投标制度的发展历程

经过30多年的实践，我国招标投标法律体系初步形成，招标投标市场不断扩大。招标投标制度的发展历程可以划分为以下三个时期。

**1. 探索初创期**

这一时期从改革开放初期到社会主义市场经济体制改革目标的确立（1979～1991年）。中国共产党第十一届中央委员会第三次全体会议前，我国实行高度集中的计划经济体制，招标投标作为一种竞争性市场交易方式，缺乏存在和发展所必需的经济体制条件。1980年10月，国务院发布《关于开展和保护社会主义竞争的暂行规定》，提出对一些合适的工程建设项目可以试行招标、投标。随后，吉林省和深圳市于1981年开始工程招标投标试点。1982年，鲁布革水电站引水系统工程是我国第一个通过世界银行贷款并按世界银行规定进行项目管理的工程，极大地推动了我国工程建设项目管理方式的改革和发展。1983年，原城乡建设

环境保护部出台《建筑安装工程招标投标试行办法》。20 世纪 80 年代中期以后，根据党中央有关的体制改革精神，国务院及国务院有关部门陆续进行了一系列改革，企业的市场主体地位逐步明确，推行招标投标制度的体制性障碍有所缓解。

这一阶段的招标投标制度有几个特点。一是基本原则初步确立，但未能有效落实。受当时关于计划和市场关系认识的限制，招标投标的市场交易属性尚未得到充分体现，招标工作大多由有关行政主管部门主持，有的部门甚至规定招标公告发布、招标文件和标底编制，以及中标人的确定等重要事项，都必须经政府主管部门审查同意。二是招标领域逐步扩大，但发展很不平衡。招标投标制度由最初的建筑行业工程逐步扩大到铁路、公路、水运、水电、广电等专业工程，由最初的建筑安装项目逐步扩大到勘察设计、工程设备等工程建设项目的各个方面，由工程招标逐步扩大到机电设备、科研项目、土地出让、企业租赁和承包经营权转让。但由于没有明确具体的强制招标范围，不同行业之间招标投标活动的开展很不平衡。三是相关规定涉及面广，但过于简略。在招标方式的选择上，大多没有规定公开招标、邀请招标、议标的适用范围和标准，在允许议标的情况下，招标很容易流于形式；在评标方面，缺乏基本的评标程序，也没有规定具体评标标准，在招标领导小组自由裁量权过大的情况下，难以实现择优选择的目标。

**2. 快速发展期**

这一时期从确立社会主义市场经济体制改革目标到《中华人民共和国招标投标法》（以下简称《招标投标法》）颁布（1992～1999 年）。1992 年 10 月，十四大提出了建立社会主义市场经济体制的改革目标，进一步解除了束缚招标投标制度发展的体制障碍。1994 年 6 月，国家计划委员会（现国家发展和改革委员会）牵头启动列入中华人民共和国第八届全国人民代表大会立法计划的《招标投标法》起草工作。1997 年 11 月 1 日，全国人民代表大会常务委员会审议通过了《中华人民共和国建筑法》，在法律层面上对建筑工程实行招标发包进行了规范。

这一阶段的招标投标制度有几个特点。一是当事人市场主体地位进一步加强。1992 年 11 月，国家计划委员会发布了《关于建设项目实行项目业主责任制的暂行规定》，明确由项目业主负责组织工程设计、监理、设备采购和施工的招标工作，自主确定投标、中标单位。二是对外开放程度进一步提高。在利用国际组织和外国政府贷款、援助资金项目招标投标办法之外，专门规范国际招标的规定明显增多，招标的对象不再限于机电产品，甚至施工、监理、设计等也可以进行国际招标。三是招标的领域和采购对象进一步扩大。除计划、经贸、铁道、建设、化工、交通、广电等行业外，煤炭、水利、电力、工商、机械等行业部门也相继制定了专门的招标投标管理办法。除施工、设计、设备等招标外，还推行了监理招标。四是对招标投标活动的规范进一步深入。除了制定一般性的招标投标管理办法外，有关部门还针对招标代理、资格预审、招标文件、评标专家、评标等关键环节，以及串通投标等突出问题，出台了专门的管理办法，大大增强了招标投标制度的可操作性。

**3. 规范完善期**

这一时期从《招标投标法》颁布实施到现在。我国引进招标投标制度以后，经过多年的发展，一方面积累了丰富的经验，为国家层面的统一立法奠定了实践基础；另一方面，招标投标活动中暴露的问题也越来越多，如招标程序不规范、做法不统一、虚假招标、泄漏标底、串通投标、行贿受贿等问题较为突出，特别是政企不分问题仍然没有得到有效解决。针对上述问题，第九届全国人民代表大会常务委员会于 1999 年 8 月 30 日审议通过了《中华人

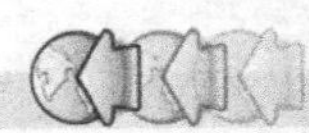

民共和国招标投标法》。这是我国第一部规范公共采购和招标投标活动的专门法律，标志着我国招标投标制度进入了一个新的发展阶段。

按照公开、公平、公正和诚实守信的原则，《招标投标法》对此前的招标投标制度做了重大改革。一是改革了缺乏明晰范围的强制招标制度。《招标投标法》从资金来源、项目性质等方面明确了强制招标范围，同时允许法律、法规对强制招标范围做出新的规定，保持强制招标制度的开放性。二是改革了政企不分的管理制度。按照充分发挥市场配置资源基础性作用的要求，大大减少了行政审批事项和环节。三是改革了不符合公开原则的招标方式，规定了公开招标和邀请招标两种招标方式，取消了议标方式。四是改革了分散的招标公告发布制度，规定招标公告应当在国家指定的媒介上发布，并规定了招标公告应当具备的基本内容，提高了招标采购的透明度，降低了潜在投标人获取招标信息的成本。五是改革了以行政为主导的评标制度，规定评标委员会由招标人代表以及有关经济、技术专家组成，有关行政监督部门及其工作人员不得作为评标委员会成员。六是改革了不符合中介定位的招标代理制度，明确规定招标代理机构不得与行政机关和其他国家机关存在隶属关系或者其他利益关系，使招标代理从工程咨询、监理、设计等业务中脱离出来，成为一项独立的专业化中介服务。

## 1.1.2　招标投标制度的现状

### 1. 招标投标法律体系基本形成

《招标投标法》在总结我国招标投标工作多年的经验、教训，吸收借鉴国外通行做法的基础上，确立了招标投标基本制度的主要程序和内容。但该法的规定相对于原则，在招标投标活动的一些细节方面还缺乏必要的可操作性。

《招标投标法》颁布后，国务院各部门和各地方政府加快了配套法规的制定步伐，出台了大量的地方性法规、部门规章和地方政府规章。2011 年 11 月 30 日，国务院常务会议审议通过了《中华人民共和国招标投标法实施条例》（以下简称《招标投标法实施条例》），并于 2012 年 2 月 1 日正式施行。目前，招标投标程序的各个环节、各个方面都有了比较详细的操作规则，基本满足了不同行业、不同专业项目招标投标活动的需要，招标投标法律体系基本形成。针对一些地方、部门出台的招标投标规则与《招标投标法》和《招标投标法实施条例》不一致甚至冲突的问题，按照国务院要求，国家发展和改革委员会、国务院法制办公室下一步还将着手进行与《招标投标法实施条例》不一致的部委规章和政府规范性文件的清理工作，废止一批与上位法不符的招标投标规定，进一步促进招标投标法律制度的统一。

### 2. 建立了基本符合国情的监管体制

国务院办公厅印发了《关于国务院有关部门实施招标投标活动行政监督的职责分工的意见》，确立了国家发展和改革委员会总体指导及协调各行业和专业部门分工协作的行政监管体制。各地方也明确了招标投标行政监督职责分工。《中华人民共和国政府采购法》（以下简称《政府采购法》）明确了政府采购招标投标的监督职能分工。为避免政出多门，加强协调，形成合力，国家发展和改革委员会牵头建立由十一个部委组成的部际协调机制，全国已有许多省市建立了招标投标部门联席会议制度。并且不少省、市、地方按照监督和管理分离的要求，积极改革和完善行政监督体制，努力创新监管方式，设立了统一综合的行政监督执法机构，同时发挥行业诚信自律和社会监督对于规范招标投标市场秩序的积极作用。各行政监督部门还通过监督检查、项目稽查、受理投诉及举报等多种方式，不断加强对招标投标活动的监督管理，有效查处违法行为，确保各项招标投标制度落到实处。

3. 招标投标市场迅速发展

根据《招标投标法》的规定，大型基础设施、公用事业等关系社会公共利益、公众安全的项目，全部或部分使用国有资金投资及国家融资的项目，以及通过国际组织或外国政府贷款、援助资金的项目，包括项目勘察设计、施工、监理、重要设备材料，都必须进行招标。据不完全统计，建筑、交通、水利水电等行业依法必须招标项目的招标率均在 90%以上。不仅如此，一些部门、地方和项目业主，还主动将招标投标扩大到项目选址、项目融资、聘请工程咨询机构、选择代建单位等工程建设的方方面面，以及土地使用权、探矿权招标，药品集中采购招标，中小学教材出版发行招标等，大大扩展了招标投标范围。通过招标投标达成的交易金额不断增加，全国专业从事招标代理的机构达 6000 余家，从事招标采购的专业人员约百万。招标投标已经成为发展最为迅速的服务行业之一。

4. 采购质量和资金使用效率明显提高

随着招标投标制度的不断完善，以及行政监督力度的逐步加大，招标投标行为也日趋规范，过去长期影响招标投标市场健康发展的规避招标、泄露标底、政企不分、行业垄断、条子工程等违法违规现象在一定程度上得到了遏制。招标行为的规范，以及采购模式的创新，大大提高了采购的质量和效率，不同程度地预防了权钱交易、行贿受贿等腐败行为的发生。据测算，通过招标节约的建设投资在 10%～15%，有的地方和行业甚至更高。

5. 企业竞争能力不断增强

《招标投标法》规定，招标投标活动不受地区和部门的限制。《招标投标法》及其实施条例规定，国家重点项目、地方重点项目和国有资金占控股或者主导地位的依法必须进行招标的项目，除经批准可以采用邀请招标方式外，都应当实行公开招标；采取邀请招标的，也应当向三个以上合格的法人或其他组织发出投标邀请书。这些规定和要求，一方面打破了长期以来形成的条块分割、地方封锁和部门垄断，为企业提供了平等竞争的环境和机遇；另一方面也迫使企业从过去依靠行政分配任务的习惯中走出来，通过不断提高自身竞争能力以求得生存与发展。目前，市场开放已成为一切交易活动的基础，竞争意识逐步深入人心，通过招标不仅促进了生产要素的合理流动和有效配置，也培养了一大批具有国际竞争力的企业。

## 1.1.3 招标投标制度的发展方向

随着招标投标实践的不断发展，现行的招标投标制度规范已不能完全满足实际工作的需要，突出表现在行政监督管理体制还不健全，一些违法违规行为的法律责任不明确，围标、抬标以及虚假招标等违法行为认定标准不够明确，责任追究困难，违法成本过低，信用制度建设滞后，招标文件编制规则还不完全统一。为了解决当前招标投标领域存在的突出问题，促进招标投标市场健康发展，必须切实转变政府职能，着力推动招标投标制度建设，重点完成以下几个方面的任务。

1. 改进招标投标行政监督体制

改进行政监督体制，实现招标投标行政监督与招标项目的实施及管理相分离，招标投标行政监督部门不得同时负责直接管理或实施项目招标投标活动，鼓励地方政府先行探索组建统一的综合监督执法机构。各级政府项目管理部门或国有投资管理部门要与项目招标人形成明晰的责、权关系。同时要加强政府部门协作，调整和扩大招标投标协调机制成员单位范

围，强化协调机制在维护招标投标统一执法的职责和作用。建立部门间受理和解决招标投标投诉及举报的沟通联系制度、招标投标违法违规线索和案件调查处理的协作配合机制，以及部门联动执法模式，形成执法合力。

**2. 建设招标投标标准体系**

为进一步完善标准文件编制规则，构建覆盖主要采购对象、多种合同类型、不同项目规模的标准文件体系，提高招标文件编制质量，促进招标投标活动的公开、公平和公正，营造良好的市场竞争环境，国家发展和改革委员会会同工业和信息化部、住房城乡建设部、交通运输部、水利部、商务部、国家新闻出版广电总局、国家铁路局、中国民用航空局等九部委，于 2007 年编制下发了《中华人民共和国标准施工招标资格预审文件》（以下简称《标准施工招标资格预审文件》）和《中华人民共和国标准施工招标文件》（2013 年修正）（以下简称《标准施工招标文件》）；2011 年编制下发的《中华人民共和国简明标准施工招标文件》（以下简称《简明标准施工招标文件》）和《中华人民共和国标准设计施工总承包招标文件》（以下简称《标准设计施工总承包招标文件》）适用于依法必须进行招标的工程建设项目，工期不超过十二个月、技术相对简单、设计和施工不是由同一承包人承担的小型项目，设计施工一体化的总承包项目；2017 年编制下发的《中华人民共和国标准设备采购招标文件》（以下简称《标准设备采购招标文件》）、《中华人民共和国标准材料采购招标文件》（以下简称《标准材料采购招标文件》、《中华人民共和国标准勘察招标文件》（以下简称《标准勘察招标文件》、《中华人民共和国标准设计招标文件》（以下简称《标准设计招标文件》、《中华人民共和国标准监理招标文件》（以下简称《标准监理招标文件》）用于依法必须招标的与工程建设有关的设备、材料等货物项目和勘察、设计、监理等服务项目。机电产品国际招标项目，应当使用商务部编制的机电产品国际招标标准文本。

**3. 鼓励电子招标投标**

2016 年，中国招标投标公共服务平台一期工程已全面运行，全国电子招标投标系统网络及其公共服务体系初步形成。按照“数据上行聚合，服务下行共享”的原则，平台已经与遍布全国各省市的 148 个电子招标投标交易平台、公共服务平台和行政监督平台实现系统对接，数据交换已突破 350 万条，同时推出了 CA 互认、开标保障、注册共享、互联互通、交易智库等近 30 个公共服务产品，初步形成了全国电子招标投标信息动态聚合和公开共享服务体系。中国招标投标公共服务平台在电子招标投标系统及其全流程交易服务中已经发挥出共享服务的枢纽定位作用。电子招标投标将成为节约资源，提高交易效率，促进信息公开，打破分割封闭，转变行政监督方式，加强市场主体诚信自律和社会监督等方面的重要技术支撑。

**4. 建立健全招标投标信用制度体系**

研究和建设招标投标信用信息征集、信用评价指标、信用考核奖惩等信用制度体系，利用电子招标投标公共服务平台逐步整合现有分散的信用信息，建立覆盖全社会的招标投标主体信用信息平台，制定客观、科学和全面的主体信用评价制度，贯彻落实和不断完善《招标投标违法行为记录公告暂行办法》（发改法规〔2008〕1531 号），努力建立奖优罚劣的信用激励机制。

**5. 进一步完善评标专家库制度**

推广运用已经制定及印发的评标专家库专业分类标准，研究制定统一的评标专家库管理办法，改变评标专家资源零星分散、管理松散的现状，组建跨行业、跨地区的国家和省综合性评标专家库，从而通过公共服务平台为各种类型的招标活动提供集中抽取选聘评标专家的

服务，逐步实现专家资源共享，提高专家素质，加强专家的考核管理，规范专家评标行为。

## 1.2 招标投标的范围和作用

### 1.2.1 招标的范围

招标范围是指招标人必须和可以使用招标方式进行采购的标的范围。所有工程、货物和服务，除特殊情况外，原则上都适用招标方式采购。《招标投标法》以及据此制定的《必须招标的工程项目规定》（中华人民共和国国家发展和改革委令第 16 号），明确了依法必须招标和可以不招标的工程建设项目内容、范围和规模标准。《政府采购法》及相关规章，规定了政府采购必须使用招标方式采购货物和服务的范围标准。《机电产品国际招标投标实施办法（试行）》（中华人民共和国商务部令 2014 年第 1 号）第六条规定了必须采用国际招标采购机电产品范围的六种情况。

招标投标同样适用于依法必须进行招标的工程建设项目范围以外的工程、货物和服务的采购。

**1．工程招标**

工程招标是招标人用招标方式发包各类土木工程、建筑工程、设备和管线安装工程、装饰装修工程等，选择工程施工承包或工程总承包企业的行为。

（1）工程施工招标。工程建设项目招标人，通过招标选择具有相应工程承包资质的企业，按照招标要求对工程建设项目的施工、试运行、竣工等实行承包，并承担工程建设项目施工质量、进度、造价、安全等控制责任和相应的风险责任。工程产品具有唯一性、一次性、产品固定性的特点。工程招标人通过对比施工企业选择工程施工承包人，再按照合同的特定要求施工和验收工程，不可能“退货和更换”。而货物产品供应商通常先按标准批量生产，采购人通过对比现成货物选择供应商。这就决定了工程施工招标区别于货物采购招标的特点，主要是选择达到资格能力要求的中标承包人，具有合理、可行的承包价格，以及进行工程施工组织设计，而不是选择一个现成的产品。因此，工程施工评标主要是考察投标人报价竞争的合理性，工程施工质量、造价、进度、安全等控制体系的完备性，以及施工方案与技术管理措施的可行性和合理性，组织机构的完善性及其实施能力、信誉的可靠性。小型简单工程则在施工组织设计可行的基础上，以投标价格作为选择中标人的主要因素。

（2）工程总承包招标。工程建设项目招标人通过招标选择具有相应资格能力的企业，在其资质等级许可的承包范围内，按照招标要求对工程建设项目的勘察、设计、招标采购、施工、试运行、竣工等实行全过程或若干阶段的总承包，全面负责工程建设项目建设的总体协调、管理职责，并承担工程建设项目质量、进度、造价、环境、安全等控制责任和相应的风险责任。工程总承包招标主要以“投标报价竞争合理性、工程总承包技术管理方案的可行性、工程技术经济和管理能力及信誉可靠性”作为选择中标人的综合评标因素。工程总承包的方式有设计采购施工（EPC）/交钥匙总承包、设计—施工总承包（D+B）等。

**2．货物招标**

招标采购各种原材料、机电设备、产品等商品以及可能附带的配套服务，既包括构成工程的货物，也包括一般生产资料、生活消费品、药品、办公用品等，货物招标采购应全面比

较货物产品的价格、使用功能、质量标准、技术工艺、售后服务等因素。相同条件下，产品的价格是决定中标的主要因素，但也并非价格越低越好，招标人应选择性价比高的产品。

3. 服务招标

服务指工程和货物以外的各类社会服务、金融服务、科技服务、商业服务等，包括与工程建设项目有关的投融资、项目前期评估咨询、勘察设计、工程监理、项目管理服务等。区别于工程和货物招标采购，服务招标竞争力主要体现在服务人员的素质能力及其服务方案优劣上，所以服务价格并不是评价投标人竞争力的主要指标。

服务招标还包括各类资产所有权、资源经营权和使用权出让招标，如企业资产或股权转让、土地使用权出让、基础设施特许经营权出让、科研成果与技术转让，以及其他资源使用权的出让招标。此类招标大多以价格竞争为主，结合经营或使用权受让方案的科学性、可行性、可靠性及其经营管理能力的竞争。

### 1.2.2 招标投标的作用

招标投标的作用主要体现在四个方面。

（1）优化社会资源配置和项目实施方案，提高招标项目的质量、经济效益和社会效益；推动投融资管理体制和各行业管理体制的改革。

（2）促进招标企业转变经营机制，提高企业的创新活力，积极引进先进技术和管理，提高企业生产、服务的质量和效率，不断提升企业市场信誉和竞争能力。

（3）维护和规范市场竞争秩序，保护当事人的合法权益，提高市场交易的公平、满意和可信度，促进社会和企业的法治、信用建设，促进政府转变职能，提高行政效率，建立健全现代市场经济体系。

（4）有利于保护国家和社会公共利益，保障合理、有效使用国有资金和其他公共资金，防止其浪费和流失，构建从源头预防腐败交易的社会监督制约体系。

## 1.3 采购的其他形式

采购是指采购主体基于消费、生产或转售等目的，有偿获取资源的经济活动。采购工作的内容不仅限于交易本身，还包括交易之前的研究、计划、安排和决策，以及交易之后的检验、监督及纠正等。采购有多种方式，按照选择交易主体的方式划分，常用的采购方式有招标、询价、订单、磋商、竞价、比选等。采购人应根据采购目的和要求，以及市场的供应情况，选择恰当的采购方式。

《政府采购法》第二十六条规定，政府采购采用以下方式。

（1）公开招标。

（2）邀请招标。

（3）竞争性谈判。

（4）单一来源采购。

（5）询价。

（6）国务院政府采购监督管理部门认定的其他采购方式。

本节对“询价”方式及部分其他类型的采购方式做简单的介绍。

（1）询价：是指询价小组向符合资格条件的供应商发出采购货物询价通知书，要求供应商一次报出不得更改的价格，采购人从询价小组提出的成交候选人中确定成交供应商的采购方式。在公共采购中，通常要求询价对象的数量为三个及以上。

（2）订单：是指采购人主动向供应商或承包人发出订单从而达成交易的采购方式。

（3）磋商：是指采购人与一个或多个供应商或承包人谈判，商定工程、货物或服务的价格、条件和合同条款，签订合同的采购方式。《政府采购法》中提到的单一来源采购和竞争性谈判均属于磋商。

① 单一来源采购是指采购人从某一特定供应商处采购货物、工程和服务的采购方式。

② 竞争性谈判是指谈判小组与符合资格条件的供应商就采购货物、工程和服务事宜进行谈判，供应商按照谈判文件的要求提交响应文件和最后报价，采购人从谈判小组提出的成交候选人中确定成交供应商的采购方式。

（4）竞价：是指供应商或承包人按照采购人规定的方式和期限相继提交更低出价，采购人从中选择交易对象的采购方式。为降低采购成本，提高竞争程度，将信息技术与竞价方式相结合的以实现在线实时采购的电子竞价已得到越来越广泛的应用。

（5）比选：是指采购人公开发出采购信息，邀请多个供应商或承包人就采购的工程、货物或服务提供报价和方案，按照事先公布的规则进行比较，从中选择交易对象的采购方式。与招标相比，比选的规范程度较低，需要在实践中继续探索和完善。

根据《政府采购非招标采购方式管理办法》（中华人民共和国财政部令第 74 号）第三条规定，采购人、采购代理机构采购以下货物、工程和服务之一的，可以采用竞争性谈判、单一来源采购方式采购；采购货物的，还可以采用询价采购方式。

（1）在依法制定的集中采购目录以内，且未达到公开招标数额标准的货物、服务。

（2）在依法制定的集中采购目录以外、采购限额标准以上，且未达到公开招标数额标准的货物、服务。

（3）达到公开招标数额标准，经批准采用非公开招标方式的货物、服务。

（4）按照招标投标法及其实施条例必须进行招标的工程建设项目以外的政府采购工程。

目前通信工程项目的采购方式在必须招标的项目之外，也广泛地采用了单一来源采购、竞争性谈判、询价和比选等方式。

## 习题

（1）1999 年 8 月 30 日，第九届全国人民代表大会常务委员会审议通过了________，标志着我国招标投标制度进入了一个新的发展阶段。

（2）工程产品具有________、________、________的特点。

（3）工程总承包的主要方式有________、________。

（4）货物招标应全面比较货物产品的________、________、________、________、________等因素。

（5）服务招标的竞争力主要体现在________及其________上。

（6）请简述工程施工评标考察的主要因素。

（7）请简述我国招标投标制度的发展方向。

（8）请简述招标投标的作用。

# 第2章 招标投标的法律法规体系

**学习目标**

- 熟悉招标投标法律体系的构成内容。招标投标法律、行政法规、部门规章以及有关政策。
- 掌握招标投标法律的主要规定。
- 掌握《招标投标法》适用范围、招标投标应遵循的基本原则、基本程序。
- 掌握《招标投标法实施条例》的主要内容。

我国从20世纪80年代初开始在建设工程领域引入招标投标制度。2000年1月1日《中华人民共和国招标投标法》实施，标志着我国正式以法律形式确立了招标投标制度。2012年2月1日《中华人民共和国招标投标法实施条例》施行，以配套行政法规形式进一步完善了招标投标制度。另外，国务院及其有关部门陆续颁布了一系列招标投标方面的规定，地方各级人民代表大会及其常务委员会、人民政府及其有关部门也结合本地区的特点和需要，相继制定了招标投标方面的地方性法规、规章和规范性文件，我国的招标投标法律制度逐步完善，形成了覆盖全国各领域、各层级的招标投标法律法规与政策体系（以下简称“招标投标法律体系”）。

随着社会主义市场经济的发展，现在不仅在工程建设的勘察、设计、施工、监理、重要设备和材料采购等领域实行了必须招标制度，而且在政府采购、机电设备进口以及医疗器械药品采购、科研项目服务采购、国有土地使用权出让等方面也广泛采用了招标方式。此外，在城市基础设施项目、政府投资公益性项目等建设领域，以招标方式选择项目法人、特许经营者、项目代建单位、评估咨询机构及贷款银行等，也已经成为招标投标法律体系中规范的重要内容。

## 2.1 招标投标法律法规体系的内容

### 2.1.1 招标投标法律法规体系的构成

招标投标法律法规与政策体系，是指全部现行的与招标投标活动有关的法律法规和政策组成的有机联系的整体。从法律规范的渊源和相关内容而言，招标投标法律法规与政策体系的构成如下。

**1．按照法律规范的渊源划分**

招标投标法律体系由有关法律、法规、规章及规范性文件构成。

（1）法律。由全国人民代表大会及其常务委员会制定，通常以国家主席令的形式向社会公布，具有国家强制力和普遍约束力，一般以法、决议、决定、条例、办法、规定等为名称。如《招标投标法》《采购法》和《中华人民共和国合同法》（以下简称《合同法》）等。

（2）法规。包括行政法规和地方性法规。

行政法规，由国务院制定，通常由总理签署国务院令公布，一般以条例、规定、办法、实施细则等为名称。如《招标投标法实施条例》是与《招标投标法》配套的一部行政法规。

地方性法规，由省、自治区、直辖市及较大的市（省、自治区政府所在地的市，经济特区所在地的市，经国务院批准的较大的市）的人民代表大会及其常务委员会制定，通常以地方人民代表大会公告的方式公布，一般使用条例、实施办法等名称，如《北京市招标投标条例》。

（3）规章。包括国务院部门规章和地方政府规章。

国务院部门规章由国务院所属的部、委、局和具有行政管理职责的直属机构制定，通常以部委令的形式公布，一般使用办法、规定等名称，如《工程建设项目勘察设计招标投标办法》（国家发展和改革委员会、建设部、铁道部、交通部、信息产业部、水利部、民用航空总局、国家广播电影电视总局令第2号。2013年，中华人民共和国国家发展和改革委员会、中华人民共和国工业和信息化部、中华人民共和国财政部、中华人民共和国住房和城乡建设部、中华人民共和国交通运输部、中华人民共和国铁道部、中华人民共和国水利部、国家广播电影电视总局、中国民用航空局令第 23 号修订）、《工程建设项目招标代理机构资格认定办法》（建设部令第154号，2015年5月4日住房和城乡建设部令第24号修订）等。

地方政府规章由省、自治区、直辖市、省政府所在地的市、经国务院批准的主要城市的政府制定，通常以地方人民政府令的形式发布，一般以规定、办法等为名称，如北京市人民政府制定的《北京市工程建设项目招标范围和规模标准的规定》（北京市人民政府令〔2001〕89号）。

（4）规范性文件。各级政府及其所属部门和派出机关在其职权范围内，依据法律、法规和规章制定的具有普遍约束力的具体规定。例如，《国务院办公厅印发国务院有关部门实施招标投标活动行政监督的职责分工意见的通知》（国办发〔2000〕34 号）就是依据《招标投标法》第七条的授权做出的有关职责分工的专项规定；《国务院办公厅关于进一步规范招标投标活动的若干意见》（国办发〔2004〕56 号）则是为贯彻实施《招标投标法》，针对招标投标领域存在的问题从七个方面做出的具体规定。

**2．按照法律规范内容的相关性划分**

招标投标法律体系包括两个方面：一是招标投标专业法律规范，二是相关法律规范。

（1）招标投标专业法律规范。即专门规范招标投标活动的法律、法规、规章及有关政策性文件。如《招标投标法》《招标投标法实施条例》，国家发展和改革委员会等有关部委关于招标投标的部门规章，以及各省、自治区、直辖市出台的关于招标投标的地方性法规和政府规章等。

（2）相关法律规范。由于招标投标属于市场活动，因此必须遵守规范民事法律行为、签订合同、价格、履约担保等采购活动的《中华人民共和国民法通则》（以下简称《民法通则》）、《合同法》、《中华人民共和国担保法》（以下简称《担保法》）、《中华人民共和国价格

法》（以下简称《价格法》）等。另外，有关工程建设项目方面的招标投标活动还应当遵守《中华人民共和国建筑法》（以下简称《建筑法》）、《建设工程质量管理条例》（国务院令第 279 号）、《建设工程安全生产管理条例》（国务院令第 393 号）、《建筑工程施工许可管理办法》（中华人民共和国住房和城乡建设部令第 18 号）的相关规定等。

### 2.1.2　招标投标法律法规体系的效力层级

招标投标方面的法律规范比较多，具体执行有关规定时应当注意互相之间的效力层级问题，具体包括以下几个方面。

**1. 纵向效力层级**

按照《中华人民共和国立法法》（以下简称《立法法》）的规定，在我国法律体系中，宪法具有最高的法律效力，其后依次是法律、行政法规、地方性法规、规章。在招标投标法律体系中，《招标投标法》是招标投标领域的基本法律。其他有关行政法规、国务院决定、部门规章以及地方性法规和规章等都不得同《招标投标法》相抵触。《招标投标法实施条例》是《招标投标法》的配套行政法规，《招标投标法实施条例》的效力层级高于国务院决定、部门规章以及地方性法规，如《招标投标法实施条例》于 2012 年 2 月 1 日施行后，此前制定和施行的有关招标投标的国务院决定、部门规章及地方性法规中与《招标投标法实施条例》相抵触的规定应当以《招标投标法实施条例》和法律的规定为准（注：《招标投标法实施条例》根据 2017 年 3 月 1 日《国务院关于修改和废止部分行政法规的决定》进行了修订）。国务院各部委制定的部门规章之间具有同等法律效力，在各自权限范围内施行。省、自治区、直辖市的人民代表大会及其常务委员会制定的地方性法规的效力层级高于当地政府制定的规章。如《北京市招标投标条例》的法律效力高于《北京市建设工程招标投标监督管理规定》（北京市人民政府令第 122 号）。

**2. 横向效力层级**

按照《立法法》规定，同一机关制定的法律、行政法规、地方性法规、规章，特别规定与一般规定不一致的，适用特别规定。也就是说，同一机关制定的特别规定的效力层级高于一般规定。因此，在同一层次的招标投标法律规范中，特别规定与一般规定不一致的，应当适用特别规定。如《合同法》对合同订立程序、要约与承诺、合同履行等方面均做出了一般性的规定；而《招标投标法》对于招标投标程序、选择中标人、签订合同等内容做出了一些特别规定。因此，招标投标活动既要遵守合同法的基本原则，更要执行招标投标法中相关的特别规定，严格按照招标投标法规定的程序和具体要求签订中标合同。

**3. 时间序列效力层级**

从时间序列看，按照《立法法》的规定，同一机关制定的法律、行政法规、地方性法规、规章，新的规定与旧的规定不一致的，适用新的规定。也就是说，同一机关新规定的效力高于旧规定。例如，在《招标投标法实施条例》于 2012 年 2 月 1 日施行之前，按照国家发展计划委员会等六部委于 2001 年联合制定的《评标委员会和评标方法暂行规定》（中华人民共和国国家发展计划委员会、中华人民共和国国家经济贸易委员会、中华人民共和国建设部、中华人民共和国铁道部、中华人民共和国交通部、中华人民共和国信息产业部、中华人民共和国水利部令第 12 号，2013 年中华人民共和国国家发展和改革委员会、中华人民共和国工业和信息化部、中华人民共和国财政部、中华人民共和国住房和城乡建设部、中华人民共和国交通运输部、中华人民共和国铁道部、中华人民共和国水利部、国家广播电影电视总局、中国民用航空局令第 23 号修订）规定，评标委员会推荐的中标候选人应当限定在 1～3 人，并标明顺序。国有资金占控股或者主导地位的项目，招标人应当确定排名第一的中标候选人为中标人；排名第一的中标候选人放弃中标或其他原因不能签订合同的，可以按照顺序确定排名第二的中标候选人为中标人。国家发展计划委员会等七部委于 2003 年联合制定的《工程建设项目施工招标投标办法》（中华人民共和国国家发展计划委员会、中华人民共和国建设部、中华人民共和国铁道部、中华人民共和国交通部、中华人民共和国信息产业部、中华人民共和国水利部、中华人民共和国民航总局令第 30 号，2013 年中华人民共和国国家发展和改革委员会、中华人民共和国工业和信息化部、中华人民共和国财政部、中华人民共和国住房和城乡建设部、中华人民共和国交通运输部、中华人民共和国铁道部、中华人民共和国水利部、国家广播电影电视总局、中国民用航空局令第 23 号修订），将上述按照排名顺序确定中标人的强制性规定的适用范围扩大到了全部依法必须招标的施工项目。根据“新法优于旧法”的原则，所有依法必须招标项目的施工招标都必须执行 2013 年的新规定。需要特别说明的是，2012 年 2 月 1 日后须执行《招标投标法实施条例》的规定，即评标委员会推荐的中标候选人应当不超过三个，并标明排序，国有资金占控股或者主导地位的依法必须进行招标的项目，招标人应当确定排名第一的中标候选人为中标人。

**4. 特殊情况处理原则**

我国是一个法制统一的中央集权国家，法律体系原则上是统一、协调的。但是，由于立法机关比较多，如果立法部门之间缺乏必要的沟通与协调，难免会出现一些规定不一致的情况。在招标投标活动中遇到此类特殊情况时，依据《立法法》的有关规定，应当按照以下原则处理。

（1）法律之间对同一事项的新的一般规定与旧的特别规定不一致，不能确定如何适用时，由全国人民代表大会常务委员会裁决。

（2）地方性法规、规章的新的一般规定与旧的特别规定不一致时，由制定机构裁决。

（3）地方性法规与部门规章之间对同一事项的规定不一致，不能确定如何适用时，由国务院提出意见。国务院认为适用地方性法规的，应当决定在该地区适用地方性法规的规定；认为适用部门规章的，应当提请全国人民代表大会常务委员会裁决。

（4）部门规章之间、部门规章与地方政府规章之间对同一事项的规定不一致时，由国务院裁决。

## 2.2 招标投标法律法规的主要规定

### 2.2.1 招标投标综合性法律规定

国务院有关部委就招标投标的基本内容和制度构建制定了一系列招标投标综合性规定，主要如下。

**1. 必须招标制度的规定**

《招标投标法》第三条原则上规定了必须招标制度，并授权国务院发展计划部门会同国务院有关部门制定必须招标项目的具体范围和规模标准，报国务院批准后实施。经国务院批

准，国家发展和改革委员会对原《工程建设项目招标范围和规模标准规定》（中华人民共和国国家发展计划委员会令第 3 号）进行修订，形成了《必须招标的工程项目规定》，具体规定了我国境内依法必须进行招标的工程建设项目的范围和规模标准。此外，《招标投标法实施条例》进一步明确了必须进行公开招标的项目范围，依法必须进行招标的工程建设项目的具体范围和规模标准由国务院发展改革部门会同国务院有关部门制定，报国务院批准后公布施行。

**2. 建设项目招标方案核准制度的规定**

招标方案核准制度是与必须招标制度紧密相连的，是保障必须招标制度得以落实的重要手段。根据《招标投标法》的授权，《国务院办公厅印发国务院有关部门实施招标投标活动行政监督的职责分工意见的通知》规定了依法必须招标项目的招标方案核准制度，项目审批部门在审批必须招标项目的可行性研究报告时，核准项目的招标方式（委托招标或自行招标）以及国家出资项目的招标范围（发包初步方案）。据此，国家发展计划委员会于 2001 年制定了《工程建设项目可行性研究报告增加招标内容和核准招标事项暂行规定》（中华人民共和国国家发展计划委员会令第 9 号）和《工程建设项目自行招标试行方法》（中华人民共和国国家发展计划委员会令第 5 号，2013 年中华人民共和国国家发展和改革委员会、中华人民共和国工业和信息化部、中华人民共和国财政部、中华人民共和国住房和城乡建设部、中华人民共和国交通运输部、中华人民共和国铁道部、中华人民共和国水利部、国家广播电影电视总局、中国民用航空局令第 23 号令修订）。前者规定了依法必须招标项目申报招标事项核准应提交的书面材料，以及核准权限划分等内容。后者规定了经国家发展和改革委员会审批、核准（含经国家发展和改革委员会初审后报国务院审批）依法必须进行招标的工程建设项目自行招标的条件，以及项目法人或者组建中的项目法人申请自行招标应提交的书面材料等内容。

随着《国务院关于投资体制改革的决定》（国发〔2004〕20 号）的颁布实施，我国投资管理体制发生了重大变化：一是改革项目审批制度，企业投资项目不再实行审批制，区别不同情况实行核准制或备案制，政府投资项目仍实行审批制；二是按照项目性质、项目资金来源和事权划分，确定了中央政府和地方政府之间、国务院投资主管部门之间与有关部门之间的项目审批权限。

其后，国家发展和改革委员会相应调整了实行招标方案核准的项目范围，发布了《关于我委办理工程建设项目审批（核准）时核准招标内容的意见的通知》（发改办法规〔2005〕824 号），规定需要核准招标方案的项目范围包括中央投资项目，申请中央投资补助、转贷或者贷款贴息 500 万元以上的地方政府投资项目或企业投资项目，需报国家发展和改革委员会核准或国务院核准的国家重点项目。同时还重新规定了核准招标方案的方式、内容和程序等。一些地方发展和改革委员会对于地方审批权限范围内的项目招标方案核准工作也做出了相关规定。《招标投标法实施条例》进一步明确了招标范围、招标方式、招标组织形式的审批、核准制度，同时规定项目审批部门应当将审批、核准结果通报有关行政监督部门。

**3. 招标公告发布制度的规定**

《招标投标法》第十六条规定了招标公告发布制度，要求依法必须招标项目的招标公告应当通过国家指定的报刊、信息网络或其他媒介发布。《招标投标法实施条例》规定，依法必须进行招标的项目的资格预审公告和招标公告，应当在国务院发展改革部门依法指定的媒介发布。2017 年 11 月 23 日，国家发展和改革委员会发布《招标公告和公示信息发布管理办法》（中华人民共和国国家发展和改革委员会第 10 号令），自 2018 年 1 月 1 日起施行，确定了依法必须招标项目的招标公告和公示信息应当在“中国招标投标公共服务平台”或者项目所在地省级电子招标投标公共服务平台（以下简称“发布媒介”）发布。

《政府采购法》第十一条规定，政府采购的信息应当在政府采购监督管理部门指定的媒体上及时向社会公开发布，财政部于 2004 年发布了《政府采购信息公告管理办法》（中华人民共和国财政部令第 19 号），确定了采购人、采购代理机构应当按照有关政府采购的法律、行政法规和本办法规定公告政府采购信息。除财政部和省级财政部门以外，其他任何单位和个人不得指定政府采购信息的发布媒介。

**4. 评标及评标专家管理的规定**

《招标投标法》第三十七条规定了评标委员会的组成和确定方式，第三十八条至第四十条规定了评标程序、评标标准和方法以及保密的要求。《评标委员会和评标方法暂行规定》进一步细化了评标委员会的组成、评标程序、评标标准和方法以及定标程序等内容。为规范评标专家资格管理，国家发展计划委员会于 2003 年制定了《评标专家和评标专家库管理暂行办法》（中华人民共和国国家发展计划委员会令第 29 号，2013 年中华人民共和国国家发展和改革委员会、中华人民共和国工业和信息化部、中华人民共和国财政部、中华人民共和国住房和城乡建设部、中华人民共和国交通运输部、中华人民共和国铁道部、中华人民共和国水利部、国家广播电影电视总局、中华人民共和国民用航空局令第 23 号修正），具体规定了评标专家的资格认定、入库，以及评标专家库的组建、使用、管理等内容。

为规范政府采购评审专家的管理，财政部于 2016 年制定了《政府采购评审专家管理办法》（财库〔2016〕198 号），具体规定了政府采购评审专家的条件、资格管理、专家的权利义务以及违规处罚等内容。为规范政府采购货物和服务项目价格评审工作，财政部于 2007 年发布了《财政部关于加强政府采购货物和服务项目价格评审管理的通知》（财库〔2007〕2 号），具体规定了政府采购货物和服务综合评分法的价格分评审方法、公开评审方法和评审因素，以及财政部门加强管理和监督检查等内容。

2012 年 2 月 1 日起施行的《招标投标法实施条例》规定了国家实行统一的评标专家专业分类标准和管理办法，省级人民政府和国务院有关部门组建综合评标专家库，进一步规定了评标专家的权利和义务、评标纪律和评标程序等内容。

**5. 招标代理机构资格管理的规定**

《招标投标法》第十三条规定了招标代理机构的定义和具备的条件。2018 年《招标投标法实施条例》修订，取消了招标代理机构的资格认定要求。

**6. 有关招标投标代理服务收费的规定**

对于招标代理服务收费，国家发展计划委员会于 2002 年制定了《招标代理服务收费管理暂行办法》（计价格〔2002〕1980 号）。2016 年，中华人民共和国国家发展和改革委员会令第 31 号将《招标代理服务收费管理暂行办法》废止，放开建设项目招标代理服务收费价格，实行市场调节价。

**7. 招标投标行政监督的规定**

《招标投标法》具体规定了招标方式批准、备案、报告和投诉处理等行政监督环节。如第十一条规定了招标方式批准制度；第十二条规定了依法必须招标项目自行招标备案制度；第四十七条规定了招标投标情况书面报告制度；第六十五条规定了有关违法行为投诉处理制度等。为规范行政监督行为，《招标投标法实施条例》就招标投标行政监督职责分工给予了

进一步明确，并明确禁止国家工作人员以任何方式非法干预招标投标活动。《招标投标法实施条例》第六章“法律责任专章”对《招标投标法》规定的投诉及其处理给予了补充和完善，并规定国家建立招标投标信用制度。

根据《招标投标法》第七条授权，国务院办公厅印发了《国务院有关部门实施招标投标活动行政监督的职责分工意见的通知》，明确了国务院各有关部门在招标投标行政监督方面的职责。2004 年，为建立公平、高效的工程建设项目招标投标活动投诉处理机制，国家发展和改革委员会等七部委联合制定了《工程建设项目招标投标活动投诉处理办法》（中华人民共和国国家发展和改革委员会、中华人民共和国建设部、中华人民共和国铁道部、中华人民共和国交通部、中华人民共和国信息产业部、中华人民共和国水利部、中华人民共和国民用航空总局令第 11 号），具体规定了招标投标当事人的投诉时限、投诉书的形式和内容的要求，以及行政监督部门处理投诉的程序、时限、投诉处理决定等内容。财政部于 2004 年制定了《政府采购供应商投诉处理办法》（中华人民共和国财政部令第 20 号），具体规定了政府采购投诉的提起与受理的程序、时限、形式等内容。为加强对国家重大建设项目招标投标活动的监督，国家发展计划委员会于 2002 年制定了《国家重大建设项目招标投标监督暂行办法》（中华人民共和国国家发展计划委员会令第 18 号，中华人民共和国国家发展和改革委员会、中华人民共和国工业和信息化部、中华人民共和国财政部、中华人民共和国住房和城乡建设部、中华人民共和国交通运输部、中华人民共和国铁道部、中华人民共和国水利部、国家广播电影电视总局、中国民用航空局令第 23 号修正），规定了稽查特派员及其助理对重大建设项目招标投标活动进行监督检查的内容、手段、方式以及违法行为处罚等。2008 年，为促进招标投标信用体系建设，健全招标投标失信惩戒制度，规范招标投标当事人行为，国家发展和改革委员会、工业和信息化部、监察部、财政部、住房和城乡建设部、交通运输部、铁道部、水利部、商务部、国务院法制办公室十部委联合发布了《招标投标违法行为记录公告暂行办法》（发改法规〔2008〕1531 号），规定国务院有关行政主管部门按照规定的职责分工，建立各自的招标投标违法行为记录公告平台，对招标投标活动当事人的招标投标违法行为记录进行公告。2010 年，国家发展和改革委员会等十部委又联合发布《关于进一步贯彻落实招标投标违法行为记录公告制度的通知》（发改法规〔2010〕628 号），进一步加大招标投标失信惩戒力度。此外，住房和城乡建设部、交通运输部、水利部、财政部、商务部、工业和信息化部、国家广播电视总局等部委都制定了本行业或领域建设项目招标投标活动行政监督的专项规定。

### 2.2.2　与招标投标活动紧密相关的其他法律法规

招标投标活动是一种复杂的采购活动，除了必须遵守《招标投标法》《招标投标法实施条例》及配套规定以外，还应当遵守与招标投标活动紧密相关的其他法律法规，主要有以下内容。

**1. 规范政府采购活动的相关法律法规**

使用政府财政性资金的采购活动采用招标方式的，不仅要遵守《招标投标法》规定的基本原则和程序，还要遵守《政府采购法》及其有关规定。

（1）《政府采购法》。这是全国人民代表大会制定并颁布的规范政府采购活动的一部重要法律，主要规定政府采购的范围和方式、政府采购当事人、政府采购程序和采购合同、对政

府采购活动的质疑与投诉、监督检查和法律责任等内容。

（2）政府采购制度方面的综合性规定。为贯彻落实《政府采购法》，建立和完善我国政府采购制度，财政部先后制定了《政府采购货物和服务招标投标管理办法》（中华人民共和国财政部令第 18 号，2017 年中华人民共和国财政部令第 87 号修订）、《政府采购信息公告管理办法》（中华人民共和国财政部令第 19 号）、《政府采购质疑和投诉办法》（中华人民共和国财政部令第 94 号，原《政府采购供应商投诉处理办法》修订）等规定，规范了政府采购原则、程序、信息公告发布、供应商向财政部门提起诉讼，财政部门受理、做出处理决定的活动，明确了县级以上各级人民政府财政部门政府采购活动的监督管理职责。

（3）政府采购节能环保产品制度的规定。为贯彻落实《国务院关于加强节能工作的决定》（国发〔2006〕28 号），切实加强政府机构节能工作，发挥政府采购的政策导向作用，国务院办公厅于 2007 年制定了《国务院办公厅关于建立政府强制采购节能产品制度的通知》（国发办〔2007〕51 号），具体规定了政府强制采购节能产品的总体要求、科学制定节能产品政府采购清单、规范节能产品政府采购清单管理以及加强组织领导和督促检查等内容。

2004 年，财政部与国家发展和改革委员会还联合下发了《财政部国家发展改革委关于印发〈节能产品政府采购实施意见〉的通知》（财库〔2004〕185 号），明确要求各级国家机关、事业单位和团体组织使用财政性资金进行采购的，应当优先采购节能产品，逐步淘汰低能效产品，具体规定了节能产品的政府采购清单制度，公布清单的媒介，以及在技术、服务等指标同等的条件下应当优先采购节能清单所列的节能产品等内容。

另外，为充分发挥政府采购的环境保护政策功能，财政部与环保总局联合下发了《财政部环保总局关于环境标志产品政府采购实施的意见》（财库〔2006〕90 号），对推行环境标志产品的政府采购提出了具体要求，要求在性能、技术、服务等指标同等的条件下，应当优先采购环境标志产品政府采购清单中所列的产品。

（4）政府采购进口产品方面的规定。为推动和促进自主创新政府采购政策的实施，严格控制和规范政府采购进口产品的行为，财政部先后制定了《政府采购进口产品管理办法》（财库〔2007〕119 号）、《中华人民共和国财政部办公厅关于政府采购进口产品管理有关问题的通知》（财办库〔2008〕248 号）等规定，适用于国家机关、事业单位和团体组织使用财政性资金以直接进口或委托方式采购进口产品（包括已进入中国境内的进口产品）的活动，明确规定了政府采购进口产品应实行的审核管理制度、采购方式、采购文件内容及监督检查等内容。

（5）促进中小企业参加政府采购的规定。为贯彻落实《国务院关于进一步促进中小企业发展的若干意见》（国发〔2009〕36 号），发挥政府采购的政策功能，促进中小企业发展，根据《政府采购法》和《中华人民共和国中小企业促进法》，财政部、工业和信息化部又制定了《政府采购促进中小企业发展暂行办法》（财库〔2011〕181 号），具体规定了通过采取预留采购份额、评审优惠、鼓励联合体投标和分包等措施，提高采购中小企业货物、工程和服务的比例，促进中小企业发展。

（6）中央国家机关实行政府采购制度的规定。为建立和完善中央国家机关政府采购制度，国务院办公厅先后制定了《中央国家机关全面推行政府采购制度的实施方案》（国办发〔2002〕53 号）、国务院办公厅转发财政部《关于全面推进政府采购制度改革意见的通知》（国办发〔2003〕74 号）等规定，明确了政府采购制度改革是财政支出管理改革的重要内容，并具体规定了政府采购管理职能与执行职能分离，机构分别设置，推进政府采购规范化

管理，完善政府采购监督体系，加强政府采购队伍建设等内容。另外财政部制定了《中央单位政府采购管理实施办法》（财库〔2004〕104 号）、《中央单位政府集中采购管理实施办法》（财库〔2007〕3 号）等规定，明确规定了中央单位政府集中采购组织形式、具体政府采购监督管理部门、预算和计划管理、采购目录与标准的制定与执行、集中采购机构和部门集中采购程序、监督检查、有关投诉及处理等内容。

**2. 规范市场交易活动的通用法律**

通常情况下，招标投标活动不仅是市场竞争行为，同时也是民事法律行为，因此除了招标投标领域的法律规范可以调整该类活动外，《民法通则》《合同法》和《担保法》等法规，也同样可以调整和规范与招标合同有关的民事法律行为。

（1）《民法通则》。全国人民代表大会制定颁布的民事基本法律，主要规范民事法律关系及行为。由于招标采购属于平等的民事主体之间的经济活动，须遵守《民法通则》基本原则。如“公开、公平、公正”的三公原则和“诚实信用”原则就是《民法通则》在招标投标活动中的具体体现。

（2）《合同法》。全国人民代表大会制定颁布的规范市场交易的基本法律，主要是调整市场活动主体之间平等的交易关系及行为，规范合同的订立、合同的效力及合同的履行、变更、解除、保全、违约责任等问题。按照《合同法》有关要约与承诺原则，招标人发布招标公告或投标邀请书属一种要约邀请，投标人的投标则是要约，招标人定标后发出中标通知书属于承诺，因此，招标人与中标人要通过签订合同实现交易，必须遵守《合同法》的基本原则及有关具体规定。

（3）《担保法》。全国人民代表大会常务委员会制定颁布的规范债权担保的民事法律，主要规定了各类经济活动设定担保的基本原则、担保方式、实现担保等内容。为保障招标投标各方的合法权益，招标人可依法要求投标人提交投标担保、履约担保。工程建设项目招标人要求中标人提供履约担保，应当同时依法向中标人提供工程款或货物款支付担保。这些活动都必须遵守《担保法》规定的基本原则和实现担保的具体规定。

**3. 规范建设工程管理的相关法律法规**

招标投标是建设工程项目的勘察、设计、施工、监理单位及重要设备、材料的主要采购方式，这些采购行为与建筑工程发包承包、质量管理、安全生产管理等存在密切联系，必须遵守《建筑法》及建设工程管理方面的相关规定。

（1）《建筑法》。全国人民代表大会制定颁布的规范各类房屋建筑及其附属设施建造和安装活动的法律，主要规定了建筑活动的监督管理部门、建筑许可、建筑工程发包与承包、建筑工程监理、建筑安全生产管理、建筑工程质量管理及有关法律责任等内容。2011 年 4 月 22 日，第十一届全国人民代表大会常务委员会第二十次会议通过《全国人民代表大会常务委员会关于修改〈中华人民共和国建筑法〉的决定》，将第四十八条修改为：“建筑施工企业应当依法为职工参加工伤保险缴纳工伤保险费。鼓励企业为从事危险作业的职工办理意外伤害保险，支付保险费。”

（2）建设工程质量管理方面的规定。建设工程招标投标活动实质上是以竞争方式选择工程承揽单位，有关单位的质量责任和义务既是法定责任和义务，又是中标合同的关键内容。因此，招标投标活动须遵守工程质量管理方面的规定。如《国务院办公厅关于加强基础设施工程质量管理的通知》（国办发〔1999〕16 号），规定了加强基础设施工程质量管理的措施。《建设工程质量管理条例》（中华人民共和国国务院令第 279 号）具体规定了建设单位、勘察

设计单位、施工单位、监理单位等各方主体的质量责任和义务，建设工程质量保修、监督管理及有关违法行为的法律责任等内容。《房屋建筑工程质量保修办法》（中华人民共和国建设部令第80号），规定了各类房屋建筑工程质量的保修范围、保修期限和保修责任等内容。

（3）建设工程施工许可管理方面的规定。工程建设活动是一个系统过程，招标投标是正式施工前必须完成的重要环节，通过招标方式选择施工单位的优劣将直接影响施工质量和工期。因此，建设工程施工招标投标活动需遵守施工许可管理方面的规定。如《建筑工程施工许可管理办法》（中华人民共和国住房和城乡建设部令第 18 号），规定了建筑工程施工许可证管理制度，建设单位申领施工许可证的条件、程序及有关违法行为的法律责任等内容。

（4）建设工程强制性标准方面的规定。按照《招标投标法》，国家对招标项目的技术标准是有规定的，招标人应当按规定在招标文件提出相应要求。因此，招标人编制招标文件时应当遵守建设工程强制性标准方面的法律规定。如《实施工程建设强制性标准监督规定》（中华人民共和国建设部令第 81 号，根据 2015 年 1 月 22 日中华人民共和国住房和城乡建设部令第 23 号修订），明确规定了我国境内从事新建、扩建、改建等工程建设活动必须执行工程建设强制性标准。这些强制性标准包括直接涉及工程质量、安全、卫生及环保等方面的强制性标准。《建设工程安全生产管理条例》（中华人民共和国国务院令第 393 号）具体规定了建设单位、勘察设计单位、施工单位、监理单位的安全责任，监督管理以及生产安全事故的应急救援和调查处理、有关违法行为的法律责任等内容。

（5）建筑企业资质管理方面的规定。《招标投标法》第十八条明确规定，国家对投标人的资格条件有规定的，应依照其规定。根据《建筑法》有关规定，我国对建筑业企业实行资质管理制度，住房和城乡建设部制定了《建筑业企业资质管理规定》（中华人民共和国住房和城乡建设部令第 22 号），明确了建设行政主管部门具体负责建筑业企业资质管理工作，并具体规定了建筑业企业资质分类等级、资质申请和审批程序、监督管理措施以及有关违法行为罚则等内容。住房和城乡建设部还制定了《建筑业企业资质标准》（建市〔2014〕159 号）、《施工总承包企业特级资质标准》（建市〔2007〕72 号）、《建筑智能化工程设计与施工资质标准》（建市〔2006〕40 号）、《工程监理企业资质管理规定》（中华人民共和国建设部令第 158 号，2015 年 5 月 4 日住房和城乡建设部令第 24 号修正）、《工程监理企业资质标准》（建市〔2007〕131）等规定，具体细化了各类建筑企业的资质等级和分类标准。

（6）建设工程发包承包和结算方面的规定。在建设工程招标投标活动中，招标人编制招标文件，其中合同内容是招标文件的重要组成部分，投标人要按照招标文件的要求编制投标文件并报价。因此，建设工程招标投标活动必须遵守建设工程发包与承包计价、结算方面的管理规定。如《建筑工程施工发包与承包计价管理办法》（中华人民共和国住房和城乡建设部令第 16 号），具体规定了房屋建筑和市政基础设施工程分包与承包计价的方法、投标报价的要求、合同价方式及竣工决算等方面的要求。《建设工程价款结算暂行办法》（财建〔2004〕369 号），具体规定了建设工程合同价款的约定与调整、价款决算、价款结算争议处理及监督管理等内容。

**4. 投资管理方面的规定**

根据《招标投标法》第九条规定，招标项目按照国家有关规定需要履行项目审批手续的，应当先履行审批手续，取得批准。随着《国务院关于投资体制改革的决定》的颁布实施，我国从落实企业投资自主权出发，改革了项目审批管理制度。对于政府投资项目仍继续实行审批制，其中采用直接投资和资本金注入方式的，需要审批项目建议书、可行性研究报

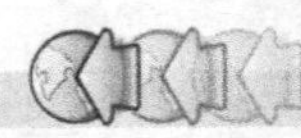

告、初步设计概算；而采取投资补助、转贷和贷款贴息方式的，只审批资金申请报告。对于企业不使用政府投资建设的项目，一律不再实行审批制，区别不同情况实行核准制和备案制。其中列入《政府核准的投资项目目录》内的项目，政府投资主管部门只是依法核准项目申请报告；未列入《政府核准的投资项目目录》的项目，则实行备案制。对于外商投资项目，则实行核准制，由政府投资主管部门依法核准项目申请报告。因此，招标采购专业人员必须了解有关项目审批的法律规定，如《国家发展改革委关于改进和完善报请国务院审批或核准的投资项目管理办法》（发改投资〔2005〕76 号）、《企业投资项目核准暂行办法》（中华人民共和国国家发展和改革委员会令第 19 号）、《外商投资项目核准暂行管理办法》（中华人民共和国国家发展和改革委员会令第 22 号）、《国家发展改革委关于实行企业投资项目备案制指导意见的通知》（发改投资〔2004〕2656 号）和《国家发展改革委关于审批地方政府投资项目的有关规定（暂行）》（发改投资〔2005〕1329 号）等。

**5. 利用外资的相关规定**

随着改革开放的深入发展，我国工程建设项目的资金来源越来越多元化，除了政府投资、国有企业投资和国内其他私营企业投资以外，利用外资的规模也迅速增长。

我国利用外资主要有三种形式：一是组建中外合资、合作和外商独资企业投资建设项目；二是利用外国政府贷款项目；三是利用国际金融组织贷款项目。第一类项目，由于外商投资企业是在我国注册企业，应当严格执行《招标投标法》及有关配套规定；第二类和第三类项目，除了要执行《招标投标法》及有关配套规定外，贷款方、资金提供方对招标投标的具体条件和程序有不同规定的，也可以执行其规定。因此，招标采购专业人员应当了解和掌握外资管理的相关规定，包括国务院同意并转发财政部、国家发展计划委员会《关于进一步加强外国政府贷款管理若干意见的通知》（国发〔2000〕15 号）、《国际金融组织和外国政府贷款投资项目暂行办法》（中华人民共和国国家发展和改革委员会令第 28 号）、《外国政府贷款项目采购公司招标办法》（财金〔2004〕22 号）、《外国政府贷款管理规定》（财金〔2008〕176 号）、《国家发展改革委关于进一步加强国际金融组织贷款项目管理的通知》（发改外资〔2008〕1269 号）、《国际金融组织贷款赠款项目选聘采购代理机构管理办法》（财际〔2011〕133 号）等规定。

由于近年来我国使用国际金融组织贷款的建设项目日益增多，而且大部分都是重大建设项目，使用国际金融组织贷款必须接受贷款方提出的附加条件，遵守国际通用的招标采购规则和国际惯例。因此，招标采购专业人员还应当了解国际金融组织有关招标采购的规则，如世界贸易组织的《政府采购协议》，联合国国际贸易法委员会的《货物、工程和服务成功示范法》《国际复兴开发银行贷款和国际开发协会信贷采购指南》《亚洲开发银行贷款采购指南》等。

## 2.3　招标投标法

《招标投标法》由第九届全国人民代表大会常务委员会第十一次会议于 1999 年 8 月 30 日通过，2000 年 1 月 1 日正式施行，并于 2017 年第十二届全国人民代表大会常务委员会第三十一次会议决定做出修订，2017 年 12 月 28 日起施行。这是我国社会主义市场经济法律体系中一部非常重要的法律，是招标投标领域的基本法律。《招标投标法》共六章六十八条。第一章总则，主要规定了《招标投标法》的立法宗旨、适用范围、必须招标的范围、招标投

标活动应遵循的基本原则以及对招标投标活动的监督；第二章招标，具体规定了招标人的定义、招标项目的条件，招标方式，招标代理机构的地位、成立条件和资格认定，招标公告和投标邀请书的发布，对潜在招标人的资格审查，招标文件的编制、澄清或修改等内容；第三章投标，具体规定了参加投标的基本条件和要求、投标人编制投标文件应当遵循的原则和要求、联合体投标，以及投标文件的递交、修改和撤回程序等内容；第四章开标、评标和中标，具体规定了开标、评标和中标环节的行为规则和时限要求等内容；第五章法律责任，规定了违反招标投标基本程序和时限要求应承担的法律责任；第六章附则，规定了《招标投标法》的例外适用情形以及生效日期。

### 2.3.1 立法目的

立法目的是一部法律的核心，法律各项具体规定都是围绕立法目的展开的，因此，每部法律都必须开宗明义地明确其立法目的。《招标投标法》第一条规定，为了规范招标投标活动，保护国家利益、社会公共利益和招标投标活动当事人的合法权益，提高经济效益，保证项目质量，制定本法。由此，《招标投标法》的立法目的包括以下三方面含义。

**1. 规范招标投标活动**

随着我国社会经济不断发展，招标投标领域不断拓宽，招标采购日益成为社会经济中最主要的采购方式。但是，招标投标活动中也存在一些比较突出问题。如招标投标制度不统一，程序不规范；不少项目单位出于种种原因不愿意招标或者想方设法规避招标，甚至搞虚假招标、串通投标；招标投标中的不正当交易和腐败现象比较严重，回扣、钱权交易等违法犯罪行为时有发生；政企不分，对招标投标活动的行政干预过多；行政监督体制不完善，职责不清；有些地方保护主义和部门保护主义仍较严重等。因此，依法规范招标投标活动，维护市场竞争秩序，促进招标投标市场健康发展，反腐倡廉，是《招标投标法》立法的主要目的之一。

**2. 提高经济效益，保证项目质量**

我国社会主义市场经济的基本特点是，要充分发挥竞争机制作用，使市场主体在平等条件下公平竞争，优胜劣汰，从而实现资源的优化配置。招标投标是市场竞争的一种重要方式，最大的优点就是能够充分体现“公开、公平、公正”的市场竞争原则，通过招标采购，让众多投标人进行公平竞争，以最低或较低的价格获得最优的货物、工程或服务，从而达到提高经济效益、提高国有资金使用效率的目的。由于招标的特点是公开、公平和公正的，将采购活动置于透明环境中，从而有效地防止腐败行为的发生，也使工程、设备等采购项目的质量得到保证。通过立法把招标投标确立为一种法律制度在全国推广，促进完善市场经济体制，也是《招标投标法》的立法目的之一。为此，《招标投标法》在招标投标的当事人、程序、规则等方面做了全面、系统的规定，形成了较严密的制度体系。

**3. 保护国家利益、社会公共利益和招标投标活动当事人的合法权益**

无论是规范招标投标活动，还是提高经济效益，保证项目质量，最终目的都是为了保护国家利益、社会公共利益，保护招标投标活动当事人的合法权益。因为只有在招标投标活动得以规范，经济效益得以提高，项目质量得以保证的条件下，国家利益、社会公共利益和当事人的合法权益才能得以维护。因此，从这个意义上说，保护国家利益、社会公共利益和当事人的合法权益，是《招标投标法》最直接的立法目的。从这个目的出发，《招标投标法》具体规定了

招标投标程序，并且对违反法定程序、规避招标、串通投标、转让中标项目等的各种违法行为做出了严厉的处罚规定，还规定了行政监督部门依法实施监督，允许当事人提出异议或投诉，为全方位地保障国家利益、社会公共利益和当事人的合法权益提供了重要的法律保障。

### 2.3.2 适用范围

**1. 地域范围**

《招标投标法》第二条规定：在中华人民共和国境内进行招标投标活动，适用本法。即《招标投标法》适用于在我国境内进行的各类招标投标活动，这是《招标投标法》的空间效力。我国境内包括我国全部领域范围，并不包括香港、澳门及台湾地区。

**2. 主体范围**

《招标投标法》的适用主体范围很广泛，只要在我国境内进行的招标投标活动，无论是哪类主体都要执行《招标投标法》。具体包括两类主体：第一类是国内各类主体，既包括各级权力机关、行政机关和司法机关及其所属机构等国家机关，也包括国有企事业单位、外商投资企业、私营企业以及其他各类经济组织，同时还包括允许个人参与招标投标活动的公民个人；第二类是在我国境内的各类外国主体，即指在我国境内参与招标投标活动的外国企业，或者外国企业在我国境内设立的能够独立承担民事责任的分支机构等。

**3. 例外情形**

按照《招标投标法》第六十七条规定，使用国际组织或者外国政府贷款、援助资金的项目进行招标，贷款方、资金提供方对招标投标的具体条件和程序有不同规定的，可以适用其规定。但违背我国的社会公共利益的除外。

### 2.3.3 基本原则

招标投标制度是市场经济的产物，并随着市场经济的发展而逐步推广，必然要遵循市场经济活动的基本原则。《招标投标法》依据国际惯例的普遍规定，在总则第五条明确规定，招标投标活动应当遵循公开、公平、公正和诚实信用的原则。《招标投标法》通篇以及相关法律规范都充分体现了这些原则。

**1. 公开原则**

公开即“信息透明”，要求招标投标活动必须具有高度的透明度，招标程序、投标人的资格条件、评标标准、评标方法、中标结果等信息都要公开，使每个投标人能够及时获得有关信息，从而平等地参与投标竞争，依法维护自身的合法权益。同时将招标投标活动置于公开透明的环境中，也为当事人和社会各界的监督提供了重要条件。从这个意义上讲，公开是公平、公正的基础和前提。

**2. 公平原则**

公平即“机会均等”，要求招标人一视同仁地给予所有投标人平等的机会，使其享有同等的权利并履行相应的义务，不歧视或者排斥任何一个投标人。按照这个原则，招标人不得在招标文件中要求或者标明特定的生产供应者以及含有倾向或者排斥潜在投标人的内容，不得以不合理的条件限制或者排斥潜在投标人，不得对潜在投标人实行歧视待遇。否则，将承担相应的法律责任。

#### 3. 公正原则

公正即“程序规范，标准统一”，要求所有招标投标活动必须按照规定的时间和程序进行，以尽可能保障招标投标各方的合法权益，做到程序公正；招标评标标准应当具有唯一性，对所有投标人实行同一标准，确保标准公正。按照这个原则，《招标投标法》及其配套规定对招标、投标、开标、评标、中标、签订合同等都规定了具体程序和法定时限，明确了废标和否决投标的情形，评标委员会必须按照招标文件事先确定并公布的评标标准和方法进行评审、打分、推荐中标候选人，招标文件中没有规定的标准和方法不得作为评标和中标的依据。

#### 4. 诚实信用原则

诚信信用原则，是民事活动的基本原则之一，这是市场经济中诚实信用伦理准则法律化的产物，是以善意真诚、守信不欺、公平合理为内容的强制性法律原则。招标投标活动本质上是市场主体的民事活动，必须遵循诚信原则，也就是要求招标投标当事人应当以善意的主观心理和诚实、守信的态度来行使权利，履行义务，不能故意隐瞒真相或者弄虚作假，不能言而无信甚至背信弃义，在追求自己利益的同时不应损害他人利益和社会利益，维持双方的利益平衡，以及自身利益与社会利益的平衡，遵循平等互利的原则，从而保证交易安全，促使交易实现。

### 2.3.4 招标投标基本程序

招标投标的最显著特点就是招标投标活动具有严格规范的程序。按照《招标投标法》规定，一个完整的招标投标程序必须包括招标、投标、开标、评标、中标和签订书面合同六大环节。

#### 1. 招标

招标是指招标人按照国家有关规定履行项目审批手续、落实资金来源后，依法发布招标公告或投标邀请书，编制并发售招标文件等具体环节。根据项目特点和实际需要，有些招标项目还要委托招标代理机构组织资格预审，组织现场踏勘，进行招标文件的澄清与修改等。由于这是招标投标活动的起始过程，招标项目条件、投标人资格条件、评标标准和方法、合同主要条款等各项实质性条件和要求都应在招标环节得以确定，因此，招标环节对于整个招标投标过程是否合法、科学，能否实现招标目的，具有基础性影响。

#### 2. 投标

投标是指投标人根据招标文件的要求，编制并提交投标文件，响应招标的活动。投标人参与竞争并进行一次性投标报价是在投标环节完成的，在投标截止时间结束后，不能接受新的投标，投标人也不得更改投标报价及其他实质性内容。因此，投标情况确定了竞争格局，是决定投标人能否中标、招标人能否取得预期效果的关键。

#### 3. 开标

开标即招标人按照招标文件确定的时间和地点邀请所有投标人到场，当众开启投标人提交的投标文件，宣布投标人的名称、投标报价及投标文件中的其他重要内容。开标的最基本要求和特点是公开，保障所有投标人的知情权，这也是维护各方合法权益的基本条件。

#### 4. 评标

招标人依法组建评标委员会，依据招标文件的规定和要求对投标文件进行审查、评审和比较，确定中标候选人。评标是审查确定中标人的必经程序。对于依法必须招标的项目，必须按照评标委员会提出的书面评标报告和推荐的中标候选人确定中标人，因此，评标是否合法、规范、公平、公正，对于招标结果具有决定性作用。

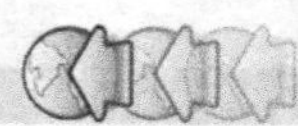

**5. 中标**

中标，也称为定标，即招标人从评标委员会推荐的中标候选人中确定中标人，并向中标人发出中标通知书，并同时将中标结果通知所有未中标的投标人。中标既是竞争结果的确定环节，也是发生异议、投诉、举报的环节，有关方面应当依法进行处理。

**6. 签订书面合同**

中标通知书发出后，招标人和中标人应当按照招标文件和中标人的投标文件在规定的时间内订立书面合同，中标人按合同约定履行义务，完成中标项目。依法必须进行招标的项目，招标人应当从确定中标人之日起十五日内，向有关行政监督部门提交招标投标情况的书面报告。

## 2.4 招标投标法实施条例

《招标投标法实施条例》于 2011 年 11 月 30 日的国务院第 183 次常务会议通过，2011 年 12 月 29 日以国务院第 613 号令公布，2012 年 2 月 1 日起施行，并根据 2017 年 3 月 1 日和 2018 年 3 月 19 日的《国务院关于修改和废止部分行政法规的决定》（中华人民共和国国务院令第 676 号，第 698 号）进行修订。《招标投标法实施条例》作为《招标投标法》的配套行政法规，总结了《招标投标法》施行多年来的实践经验，在《招标投标法》现行规定的基础上，充实和完善了有关制度，增强了法律规定的可操作性。具体表现在以下方面。

一是充实和完善了招标投标配套法律制度，如招标投标信用制度、电子招标投标制度、建立综合评标专家库制度和进入招标投标交易场所交易制度等。

二是细化和完善了招标投标法规定的程序规则，增强了法律规定的可操作性。《招标投标法实施条例》具体规定了可以不招标和可以邀请招标的情形，规定了资格预审程序以及投诉处理程序，补充规定了投标保证金、投标有效期、暂估价项目投标、两阶段招标及评标等，完善了评标规则规定，明确了限制排斥潜在投标人、围标串标、虚假招标、以他人名义投标等招标投标领域突出问题的认定标准。另外，本着保障“三公”兼顾效率的原则，根据不同招标项目，优化了招标投标活动主要环节的时限，体现了根据项目资金来源的不同性质实行差别化规定的原则。

三是加强了对招标投标全过程的监督管理。《招标投标法实施条例》明确了依法必须进行招标的工程建设项目的具体范围和规模标准的制定部门，核准招标范围、招标方式、招标组织形式等招标内容的部门，招标代理机构的管理部门，指定发布招标公告媒介的部门、编制标准文本的部门、统一评标专家专业分类标准和管理办法的制定部门。

四是强化招标人、招标代理机构、投标人、评标委员会成员、行政监督部门的工作人员、国家工作人员的法律责任。在《招标投标法实施条例》有关法律责任的规定中，设置的法律责任有十九条，对上位法只有规范性要求而无法律责任规定的违法行为，以及实践中新出现的违法行为，补充规定了法律责任。

2018 年，国务院 698 号令修订后的《招标投标法实施条例》共七章八十四条。第一章总则，主要规定了《招标投标法实施条例》的立法目的、工程建设项目的定义、强制招标的范围、行政监督的职责分工、招标投标交易场所、鼓励电子化招标投标和禁止国家工作人员非法干预招标投标活动；第二章招标，具体规定了招标核准内容、可以不招标的项目范围、可以邀请招标的项目范围、招标代理机构的人员要求、招标代理机构的义务、招标公告和资格预审公告的发布、招标文件和资格预审文件的编制要求、资格预审文件和招标文件的发售、招标文件

和资格预审文件的澄清或者修改、对招标文件和资格预审文件的异议及其处理、资格预审和资格后审的主体和方法、投标有效期、投标保证金、标底的编制和最高限价的设定要求、总承包招标和暂估价项目招标、两阶段招标程序、终止招标的要求、禁止以不合理条件限制或者排斥潜在投标人等内容；第三章投标，具体规定了投标人与招标人以及投标人之间利益冲突的回避要求、投标保证金退还、招标人应当拒收的投标、联合体投标、投标人发生变化的处理、投标人串通投标和以他人名义投标的界定标准、招标人与投标人串通投标的界定标准以及资格预审申请人适用有关投标人的规定等内容；第四章开标、评标和中标，具体规定了开标异议的提出和处理要求、评标专家的专业分类和管理、组建综合评标专家库的主体、评标委员会成员的确定、招标人在评标环节的义务、评标委员会成员的义务、标底的使用要求、否决投标的情形、投标文件的澄清说明、中标候选人与评标报告、中标候选人公示、评标结果异议的提出和处理、中标人确定原则、中标候选人发生特定情况时的审查确认、投标保证金退还、履约保证金额度等内容；第五章投诉与处理，规定了投诉的时限和要求、三种情形下的异议是投诉的前提条件、投诉处理部门的确定原则、投诉处理的时限、应当驳回投诉的情形、投诉处理部门的权利和义务等内容；第六章法律责任，具体规定了招标投标信用制度、情节严重的情形、招标投标活动各方当事人、行政监督部门及其有关人员违反《招标投标法》和《招标投标法实施条例》规定应承担的法律责任等内容；第七章附则，规定了招标投标协会的主要职能、政府采购法律法规对货物和服务政府采购招标投标特别规定的适用以及生效日期。

# 习题

（1）按照法律规范的渊源划分，招标投标法律体系由有关________、________、________及________构成。

（2）法律，由________制定，通常以________的形式向社会公布，具有国家强制力和普遍约束力，一般以法、决议、决定、条例、办法、规定等为名称。

（3）行政法规，由________制定，通常由________公布，一般以条例、规定、办法、实施细则等为名称，如《招标投标法实施条例》。

（4）国务院部门规章由国务院所属的部、委、局和具有行政管理职责的直属机构制定，通常以________的形式公布，一般使用________等名称，如《工程建设项目勘察设计招标投标办法》。

（5）地方性法规与部门规章之间对同一事项规定不一致，不能确定如何适用时，由________提出意见。________认为适用地方性法规的，应当决定在该地方适用地方性法规的规定；认为适用部门规章的，应当提请________裁决。

（6）部门规章之间、部门规章与地方政府规章之间对同一事项的规定不一致时，由________裁决。

（7）使用政府财政性资金的采购活动采用招标方式的，不仅要遵守《招标投标法》规定的基本原则和程序，还要遵守________及其有关规定。

（8）招标投标活动应当遵循________和________的原则。

（9）一个完整的招标投标程序，必须包括________、________、________、________和________六大环节。

（10）请简述《招标投标法》的立法目的。

# 第3章 招标投标的规定和程序

**学习目标**

- 掌握必须招标的范围和规模标准。
- 掌握招标投标各阶段工作的流程及工作方法。
- 掌握招标投标工作各阶段相关公告/文件的组成以及起草编制。
- 理解招标投标流程中特殊情况的处理方法。

招标投标活动具有严格、规范的程序，这是招标投标区别于其他采购方式的最显著特点。招标投标是招标人必须按照规定的程序和办法择优选定中标人的活动。我国招标投标相关法律对整个招标投标程序都做了具体的规定。按照公开、公平、公正和诚实信用原则，以《招标投标法》为基本法律的招标投标领域，逐步形成了一整套符合我国国情的招标投标法律体系。对招标投标程序的各个环节、各个方面都规定了比较详细的操作规则，基本满足了不同行业、不同专业项目招标投标活动的需要。随着招标投标制度的不断完善，以及行政监督力度的逐步加大，招标投标市场迅速发展，除了必须招标的项目之外，招标投标还逐步扩大到项目选址、项目融资、聘请工程咨询机构、选择代建单位等工程建设的方方面面。

## 3.1 必须招标项目的范围和规模标准

### 3.1.1 必须招标项目的范围和例外情形

《招标投标法》第三条规定：在中华人民共和国境内进行下列工程建设项目，包括项目的勘察、设计、施工、监理以及与工程建设有关的重要设备、材料等的采购，必须进行招标：

（1）大型基础设施、公用事业等关系社会公共利益、公众安全的项目；

（2）全部或者部分使用国有资金投资或者国家融资的项目；

（3）使用国际组织或者外国政府贷款、援助资金的项目。

前款所列项目的具体范围和规模标准，由国务院发展计划部门会同国务院有关部门制定，报国务院批准。法律或者国务院对必须进行招标的其他项目的范围有规定的，依照其规定。

上述规定，不仅明确了工程建设项目必须进行招标的范围，而且指明了可以从项目性质和资金来源两个方面来衡量与判断具体建设项目是否属于必须招标的范围。

《招标投标法实施条例》第三条进一步明确规定，依法必须进行招标的工程建设项目的

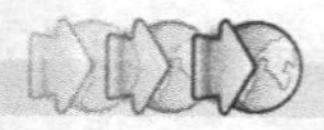


具体范围和规模标准，由国务院发展改革部门会同国务院有关部门制定，报国务院批准后公布施行。按此原则，国务院发展改革部门会同有关部委对不同类型项目必须招标的范围进行了具体规定。

**1. 工程建设项目**

根据《招标投标法》规定，2000 年，国家发展计划委员会报经国务院批准发布《工程建设项目招标范围和规模标准规定》（中华人民共和国国家发展计划委员会第 3 号令），明确了必须招标的工程项目的具体范围和规模标准。随着我国经济社会不断发展和改革持续深化，3 号令在施行中逐步出现范围过宽、标准过低的问题。针对这一问题，国家发展和改革委员会会同国务院有关部门对 3 号令进行了修订，形成了《必须招标的工程项目规定》，自 2018 年 6 月 1 日起施行，全国适用统一规则，各地不得另行调整。

《必须招标的工程项目规定》规定了工程项目必须招标的范围。

全部或者部分使用国有资金投资或者国家融资的项目：

（1）使用预算资金 200 万元人民币以上，并且该资金占投资额 10%以上的项目；

（2）使用国有企业事业单位资金，并且该资金占控股或者主导地位的项目。

使用国际组织或者外国政府贷款、援助资金的项目：

（1）使用世界银行、亚洲开发银行等国际组织贷款、援助资金的项目；

（2）使用外国政府及其机构贷款、援助资金的项目。

其他大型基础设施、公用事业等关系社会公共利益、公众安全的项目，必须招标的具体范围由国务院发展改革部门会同国务院有关部门按照确有必要、严格限定的原则制定，报国务院批准。

**2. 机电产品国际招标项目**

按照《机电产品国际招标投标实施办法（试行）》的规定，下列机电产品的采购必须进行国际招标。

（1）关系社会公共利益、公众安全的基础设施、公用事业等项目中进行国际采购的机电产品。

（2）全部或者部分使用国有资金投资项目中进行国际采购的机电产品。

（3）全部或者部分使用国家融资项目中进行国际采购的机电产品。

（4）使用国外贷款、援助资金项目中进行国际采购的机电产品。

（5）政府采购项目中进行国际采购的机电产品。

（6）其他依照法律、行政法规的规定需要国际招标采购的机电产品。

**3. 政府采购项目**

按照《政府采购法》规定，政府采购是指各级国家机关、事业单位和团体组织，使用财政性资金采购依法制定的集中采购目录以内的或者采购限额标准以上的货物、工程和服务。集中采购的范围由省级以上人民政府公布的集中采购目录确定，其中，属于中央预算的政府采购项目，其集中采购目录由国务院确定并公布；属于地方预算的政府采购项目，其集中采购目录由省、自治区、直辖市人民政府或者其授权的机构确定并公布。目前，中央预算的政府采购项目集中采购目录是由国务院办公厅发文公布的。

**4. 例外情形**

（1）按照《招标投标法》第六十六条的规定，涉及国家安全、国家秘密、抢险救灾或者属于利用扶贫资金实行以工代赈、需要使用农民工等的特殊情况，不适宜进行招标的项目，

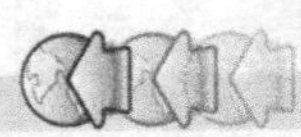

按照国家有关规定可以不进行招标。

（2）按照《招标投标法实施条例》第九条的规定，除《招标投标法》第六十六条规定的可以不进行招标的特殊情况外，有下列情形之一的，可以不进行招标。

① 需要采用不可替代的专利或者专有技术。

② 采购人依法能够自行建设、生产或者提供。

③ 已通过招标方式选定的特许经营项目投资人依法能够自行建设、生产或者提供。

④ 需要向原中标人采购工程、货物或者服务，否则将影响施工或者功能配套要求。

⑤ 国家规定的其他特殊情形。

（3）可以不进行招标的工程施工项目。按《工程建设项目施工招标投标办法》第十二条的规定，依法必须进行施工招标的工程建设项目有下列情形之一的，可不进行施工招标。

① 涉及国家安全、国家秘密、抢险救灾或者属于利用扶贫资金实行以工代赈、需要使用农民工等的特殊情况，不适宜进行招标的。

② 施工主要技术采用特定的专利或者专有技术的。

③ 已通过招标方式选定的特许经营项目投资人依法能够自行建设的。

④ 采购人依法能够自行建设的。

⑤ 在建工程追加的附属小型工程或者主体加层工程，原中标人仍具备承包能力，并且其他人承担将影响施工或者功能配套要求的。

⑥ 国家规定的其他情形。

（4）可以不进行国际招标的机电产品。按《机电产品国际招标投标实施办法（试行）》第 7 条规定，对必须招标的机电产品中属下列情况之一的，可以不进行国际招标。

① 国（境）外赠送或无偿援助的机电产品。

② 采购供生产企业及科研机构研究开发用的样品样机。

③ 单项合同估算价在国务院规定的必须进行招标的标准以下的。

④ 采购旧机电产品。

⑤ 采购供生产配套、维修用的零件、部件。

⑥ 采购供生产企业生产需要的专用模具。

⑦ 根据法律、行政法规的规定，其他不适宜进行国际招标采购的机电产品。

### 3.1.2　必须招标项目的规模标准

#### 1. 工程建设项目

根据《必须招标的工程项目规定》第五条规定的范围内的项目，其勘察、设计、施工、监理以及与工程建设有关的重要设备、材料等的采购达到下列标准之一的，必须招标：

（1）施工单项合同估算价在 400　万元人民币以上；

（2）重要设备、材料等货物的采购，单项合同估算价在 200 万元人民币以上；

（3）勘察、设计、监理等服务的采购，单项合同估算价在 100 万元人民币以上。

同一项目中可以合并进行的勘察、设计、施工、监理以及与工程建设有关的重要设备、材料等的采购，合同估算价合计达到前款规定标准的，必须招标。

#### 2. 机电产品国际招标项目

按照商务部《机电产品国际招标投标实施办法（试行）》规定，机电产品国际招标的规

模标准按照国务院《必须招标的工程项目规定》执行。

**3. 政府采购项目**

根据《政府采购法》规定，采购人采购货物或者服务应当采用公开招标方式的，其具体数额标准，属于中央预算的政府采购项目，由国务院规定；属于地方预算的政府采购项目，由省、自治区、直辖市人民政府规定。国务院办公厅印发的中央预算单位 2017—2018 年政府集中采购目录及标准的文件中明确规定，政府采购限额标准为，除集中采购机构采购项目和部门集中采购项目外，各部门自行采购单项或批量金额达到 100 万元以上的货物和服务的项目、120 万元以上的工程项目应按《政府采购法》和《招标投标法》有关规定执行。公开招标数额标准为，单项采购金额达到 200 万元以上的，必须采用公开招标方式。

应当注意的是，在执行上述这些规模标准时，无论何种类型的招标项目，任何单位和个人不得将依法必须进行招标的项目化整为零或以其他任何方式规避招标。

# 3.2 招标准备

招标准备工作包括判断招标人的资格能力、制订招标工作总体计划、确定招标组织形式、落实招标的基本条件和编制招标方案。这些准备工作应该相互协调，有序实施。

## 3.2.1 判断招标人的资格能力条件

招标人是提出招标项目、发出招标要约邀请的法人或其他组织。招标人是法人的，应当有必要的财产或者经费，有自己的名称、组织机构和场所，具有民事行为能力，且是能够依法独立享有民事权利和承担民事义务的机构，包括企业、事业、政府机关和社会团体法人。招标人不具备法人资格的其他组织，应当是依法成立且能以自己的名义参与民事活动的经济和社会组织，如合伙型联营企业、法人的分支机构、不具备法人资格条件的中外合作经营企业、法人依法设立的项目实施机构等。

招标人的民事权利能力范围受其组织性质、成立目的、任务和法律法规的约束，因而招标人享有民事权利的资格也受到这些因素的影响和制约。自行组织招标的招标人还应具备《招标投标法》及《招标投标法实施条例》《工程建设项目自行招标试行办法》等规定的能力要求。

## 3.2.2 制订招标工作总体计划

根据政府、企业采购需要或项目实施进度要求制订项目招标采购总体计划，明确招标采购内容、范围和时间。招标采购项目的进度计划如下。

**1. 招标采购工作的逻辑关系确定**

招标采购工作错综复杂，因此应围绕招标采购工作的逻辑关系确定项目进度管理任务。

（1）工作先后关系的概念。招标采购各工作的执行安排需遵守工作之间先后制约关系的限制，进而决定工作的安排次序。任何工作的执行必须依赖于一定工作的完成，即它的执行必须在某些工作完成之后才能执行，这就是工作的先后依赖关系。工作先后依赖关系有两种：一种是工作之间本身存在的、无法改变的逻辑关系，如设计与生产的关系；另一种是人

为确定的、两项工作可先可后的组织关系。一般而言，工作先后关系的确定首先应分析确定工作本身存在的工艺关系，在工艺关系确定的基础上，再加以充分分析以确定各工作之间的组织关系。

（2）招标工作排序。其基本步骤如下。

① 项目招标工作列表。这是招标工作排序确定的基础。

② 项目的特性。项目的特性通常会影响招标工作排序的确定，在招标工作排序的确定过程中更应明确项目的特性。

③ 工作之间工艺关系的确定。这是招标工作排序确定的前提。由于工作工艺关系是招标工作之间所存在的内在关系，通常是不可调整的，一般主要依赖于技术方面的限制，因此确定起来较为容易，通常，招标人员与技术人员之间进行交流就可完成。

④ 组织关系的确定。招标工作组织关系的确定一般比较复杂，它通常取决于招标人员的知识和经验。组织关系的确定对于招标项目的成功实施是至关重要的。

⑤ 外部制约关系的确定。外部工作通常会对招标工作存在一定的影响，因此在制订招标工作计划的过程中也需要考虑外部工作对招标工作的一些制约及影响，这样才能充分把握招标采购的进展。

⑥ 招标实施过程中的限制和假设。为了制订完善的招标进度计划，必须考虑招标实施过程中可能受到的各种限制，同时还应考虑招标进度实施所依赖的假设条件。

招标工作排序的确定，为编制招标采购进度计划提供了条件。

**2. 招标采购的进度计划制订**

（1）制订招标进度计划的依据，主要包括以下内容。

① 项目采购时间要求。

② 项目采购的特点。

③ 项目采购的技术经济条件。

④ 招标采购各项工作的时间估计。

⑤ 限制和约束。

由于竞争的存在、委托人（客户）的要求或者其他的条件限制，导致某些招标采购工作必须在某些时刻完成，这就存在所谓的强制日期或时限。此外，招标过程中总会存在一些关键事件或者一些里程碑事件，这些都是招标进度计划中所必须考虑的限制因素。

（2）进度计划编制。招标进度计划是表达招标采购工作中各项工作的开展顺序、开始和完成时间以及相互衔接关系的计划，具体编制步骤如下。

① 根据招标采购工作内容的分解，确定各项工作的先后顺序。

② 估计出各工作的延续时间。

③ 确定招标采购工作的时间进度。

④ 平衡各工作管理因素的相互关系。

⑤ 应用相关工具（如关键路径法、横道图等）编制进度计划。

### 3.2.3　确定招标组织形式

**1. 自行组织招标**

招标人如果是具有与招标项目规模和复杂程度相适应的技术、经济等方面的专业人员，

经审核后可以自行组织招标。根据招标投标法的相关规定，《工程建设项目自行招标试行办法》（2013 年修订版）第四条对招标人自行办理招标事宜、组织工程招标的资格条件具体解释为五个方面：

① 具有项目法人资格（或法人资格）；

② 具有与招标项目规模和复杂程度相适应的工程技术、概预算、财务和工程管理等方面专业技术力量；

③ 具有从事同类工程建设项目招标的经验；

④ 拥有三名以上取得招标职业资格的专职招标业务人员；

⑤ 熟悉和掌握《招标投标法》及有关法规规章。

经审批或核准的依法必须招标的项目的招标人自行组织招标时，应当经过项目审批、核准部门核准。

自行组织招标便于招标人对招标项目进行协调管理，但容易受到招标人认识水平和法律、技术专业水平的限制而影响、制约招标采购的“三公”特性、规范性及其招标竞争的成效。因此即使招标人具有自行组织招标的能力条件，也可优先考虑选择委托代理招标。招标代理机构相对招标人来说，具有更专业的招标资格能力和业绩经验，并且相对客观公正。

**2. 委托代理招标**

招标人如不具备自行组织招标的能力条件，应当委托招标代理机构办理招标事宜。招标人应该根据招标项目的行业和专业类型、规模标准，自主选择招标代理机构，委托其代理招标采购业务。招标代理机构是依法成立的，且不得与政府行政机关存在隶属关系或其他利益关系，按照招标人委托代理的范围、权限和要求依法提供招标代理的相关咨询服务，并收取相应服务费用的专业化、社会化中介组织，属于企业法人。

招标代理机构应当遵循依法、科学、客观、公正的要求，遵守招标投标的法律法规，坚决抵制虚假招标、规避招标、串标围标、倾向或排斥投标人以及商业贿赂等违法行为，依法保护招标人的合法权益，维护国家和社会公众利益，不损害投标人的正当权益。招标代理机构与行政机关和其他国家机关不得存在隶属关系或其他利益关系。招标代理机构为招标人办理招标代理业务时，应当遵守《招标投标法》及其实施条例中关于招标人的规定。同时，招标代理机构的代理行为应该接受招标人、投标人以及行政监督部门、行业组织的监督、检查和考核。

招标代理机构应当在招标人委托的范围内承担招标事宜，不得无权代理、越权代理，不得明知委托事项违法而进行代理。招标代理机构不得在所代理的招标项目中投标或者代理投标，也不得为所代理的招标项目的投标人提供咨询；未经招标人同意，不得转让招标代理业务。招标代理机构在招标人委托的范围内开展招标代理业务时，任何单位和个人不得非法干涉。

根据中华人民共和国国务院令第 698 号《国务院关于修改和废止部分行政法规的决定》，修改了原《招标投标法实施条例》第十一条和第十三条关于招标代理机构资格许可的相关规定，取消了招标代理机构的资格要求。

取消招标代理机构资格认定，会有更多的机构进入招标代理市场，招标人选择招标代理的范围会更宽更广。

招标采购推行专业化、社会化的中介机构代理服务，有利于沟通协调市场主体之间的关系，维护招标采购的“三公”原则和市场竞争秩序，抵制不正当的招标投标行为，有利于提

高招标采购的专业水平，从而有效提高招标采购工程的质量和效率。招标代理机构从业人员的素质、能力、规范化水平直接影响和制约招标采购的成败。因此，提高招标代理机构及其从业人员的整体职业素质，强化职业责任，规范职业行为已成为招标代理行业生存和发展的重要任务。取消招标代理机构资格认定后，市场也会发挥自我调节作用。代理费用高，专业能力弱，服务水平差的招标代理机构将会逐步退出市场。

3. 招标代理合同

招标人与招标代理机构应当签订委托招标代理的书面合同，明确委托招标代理的内容范围、权限、义务和责任。招标代理机构不得无权代理、越权代理和违法代理，不得接受同一招标项目的投标咨询服务。委托招标代理合同主要包括以下内容。

（1）委托代理范围。招标人应在合同中明确委托招标代理机构开展招标代理服务的内容、范围和权限。委托代理服务的范围可以包括以下全部或部分工作内容：招标前期准备策划、制订招标方案、编制发售资格预审公告和资格预审文件、协助招标人组织资格评审、编制发售招标文件；组织投标人踏勘现场、答疑、组织开标；配合招标人组建评标委员会、协助评标委员会完成评标与评标报告、协助评标委员会推荐中标候选人并办理中标候选人公示、协助招标人定标并向中标人发出中标通知书、协助招标人拟定和签订中标合同；协助招标人向招标投标监督部门办理有关招标投标情况报告或办理核准、备案手续；解答或协助处理投标人和其他利害关系人提出的异议，配合监督部门调查违法行为；招标人委托的其他服务工作。

在实践中，招标代理机构的业务范围除办理招标事宜之外，结合项目全过程管理的需要，正在不断向项目前期准备、项目管理和招标方案策划、合同管理等两端工作延伸，以此提高项目招标代理服务的技术含量和核心价值。

（2）代理期限。合同应明确招标人委托代理机构开展委托代理范围工作的起止时间。

（3）双方的权利和义务。合同应明确双方的职责，各自的权利、义务和承担的责任。

（4）服务费用的标准和支付。合同应明确服务收费项目、收费标准、支付方式和时间。招标代理服务收费从 2002 年开始试行政府指导价，在规定的收费标准内上下浮动幅度不得超过 20%。招标代理服务收费标准为一次招标全流程的基准价格，但不含工程量清单、工程标底或工程招标控制价的编制费用，并对相同内容的一次招标全流程的工程、货物和服务招标代理实行最高收费限额，分别是 450 万元、350 万元和 300 万元。2016 年，第 31 号令将原指导收费的《招标代理服务收费管理暂行办法》废止，放开了建设项目招标代理服务收费价格，实行市场调节价。但是现在在具体的实践中，招标投标收费还是以原政府指导价为参考。

招标人与招标代理机构协商确定招标项目具体代理收费额，并以各标段（包）中标金额为基数，采用差额定率累进法计算收费。委托代理业务范围超出相关规定的工作内容和标准的，委托代理双方可就增加的工作量另行协商服务费用。招标代理服务费用一般由招标人支付，招标人、招标代理机构如果通过招标文件事先与投标人明确约定由投标人支付及其费用标准的，可以从其约定，由投标人支付。

（5）其他。合同的变更、解除、违约责任以及合同履行中发生争议的解决办法等。

## 3.2.4　落实招标的基本条件

为了维护招标投标市场秩序，保护招标投标当事人的合法权益，提高招标投标成效，根

据相关规定，项目招标必须具备必要的基本条件。

（1）项目招标的共同条件。一般包括以下内容。

① 项目招标人应当符合相应的资格条件。

② 根据项目本身的性质、特点，应当满足项目招标和组织实施必需的资金、技术条件、管理机构和管理能力、项目实施计划和法律法规规定的其他条件。

③ 项目招标的内容、范围、条件、招标方式和组织形式已经有关项目审批部门或招标投标监督部门核准，并完成法律、法规、规章规定的项目规划、审批、核准或备案等实施程序。

（2）工程施工招标的特别条件。主要包括以下内容。

① 工程建设项目初步设计、工程招标设计或工程施工图设计已经完成，并经有关政府部门对立项、规划、用地、环境评估等进行审批、核准或备案。

② 工程建设项目具有满足招标投标和工程连续施工所必需的设计图纸及有关技术标准、规范和其他技术资料。

③ 工程建设项目用地拆迁、场地平整、道路交通、水电、排污、通信及其他外部条件已经落实。

（3）工程总承包招标的特别条件。按照工程总承包的不同开始阶段和总承包方式，应分别具有工程可行性研究报告、实施性工程方案设计或工程初步设计已经完成等相应的条件。

（4）货物招标的特别条件。工程使用的货物（简称“工程货物”）采购招标条件与工程施工招标基本相同；非工程货物的采购招标，应具有满足采购招标的设计图纸或技术规格，政府采购货物的采购计划和资金已经有关采购主管部门批准。

（5）服务招标的特别条件。实践中，特许经营权和融资、工程勘察设计、工程建设监理和建设项目管理、科技研究等服务项目经常采用招标方式选择服务对象。下面将对这几类服务项目招标的特别条件分别给予介绍。

① 特许经营权和融资招标的条件。以基础设施特许经营项目融资招标为例，应具备以下主要条件。

● 招标人已经确定，大多是由项目所在地的基础设施政府主管部门组建的招标委员会或类似机构，也有少数项目的招标人是国有资产投资管理公司。

● 项目实施方案已经政府相关部门批准。项目的技术、经济、法律、政策条件已经明确，并建立了相应的保障落实机制，包括项目融资方式、规模，项目建设规模、标准和期限，项目特许经营的领域和地域范围，特许经营服务的标准、数量规模和经营期限，经营产品或服务价格及调整、支付方式，土地、环保、税务要求，风险分担原则，违约处理解决方式等。

② 工程勘察设计招标的特别条件。工程概念性方案设计招标，应当具有批准的项目建议书；工程初步设计勘察招标和工程实施性方案设计招标应当具有批准的可行性研究报告及其工程建设项目规划设计条件、建设用地使用规划许可证等。

③ 工程建设监理和建设项目管理招标的特别条件。工程监理招标、含工程设计阶段的项目管理招标应该具有批准的工程可行性研究报告或工程实施性方案设计；而采用工程建设项目全过程的项目管理方式，一般自工程建设项目概念性方案设计或可行性研究阶段开始提供项目决策咨询服务，其招标条件只需批准的项目建议书。

④ 科技研究项目招标的特别条件。一是需要招标的科技项目已立项，部分科技项目应具有的可行性研究报告也已经下达。各级各类科技行政主管部门审批的科技项目的具体范围和规模标准已确定，并已经列入政府科研计划，但企业科研项目不受上述条件约束。二是涉

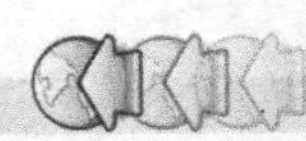

及政府财政拨款投入为主的技术研究开发、技术转让和技术咨询服务等的目标内容和完成时限明确，能够确定评审标准，科技经费已经落实。

### 3.2.5　编制招标方案

为有序、有效地组织实施招标采购工作，招标人应在上述准备工作的基础上，根据招标项目的特点和自身需求，依据有关规定编制招标方案，确定招标内容范围、招标组织形式、招标方式、标段划分、合同类型、投标人资格条件，安排招标工作目标、顺序和计划，分解落实招标工作任务和措施、需要的资源、技术与管理条件。其中，依法必须招标的工程建设项目的招标范围、招标方式与招标组织形式应报项目审批部门核准或招标投标监督部门备案。

**1. 招标方案的概念**

招标方案是在实施招标工作之前，通过分析招标项目的需求、目标以及技术特点、经济特性、管理特征等，依据有关法律政策、技术标准和规范，科学设定、合理安排项目招标工作的总体规划，属于初步的项目综合管理计划，是编制招标采购相关工作具体计划的指导文件。

招标方案主要明确“做什么”“谁负责”“怎么做”“完成任务的起止时间”等基本管理内容。制订招标方案，就是把招标采购目标转换成定义明确、要求清晰、可操作的项目总体规划文件的过程。招标方案经过各方面专业人员对项目的功能、规模、质量、价格、进度等需求目标进行研究和分析，使招标采购项目实施的组织、方法、手段等都更具系统性和可行性，避免随意和盲目，从而为招标采购制订和实施各方面具体的计划提供指导和依据。

**2. 招标方案的内容**

（1）招标方案的主要内容如下。

① 招标采购项目的目标和范围。

② 实现招标采购项目的工作要求。

③ 标段/标包划分和投标资格。

④ 批次招标采购标的和顺序。

⑤ 质量、价格、进度需求目标分解。

⑥ 招标方式、方法和合同计价形式。

⑦ 招标采购项目的任务和保障措施。

⑧ 组织管理机构、制度及人员配备。

⑨ 招标采购项目风险管理。

⑩ 其他事项等。

（2）招标方案依据招标标的的不同，其内容的侧重也不同。如在工程招标的管理方案中，影响标包划分的因素可能主要指工程承包方式（总承包或平行发包等）；在货物招标的招标方案中，影响标包划分的因素可能主要指集中或分散采购等。招标方案的内容应根据标的物的特点和规模等实际情况相应编制。

**3. 招标采购工作进度规划**

招标采购工作进度规划是招标方案的重要组成部分，是将招标方案中相关工作的责任主体、目标任务、工作方法与相应的起止时间统一规划，以便于采购项目的执行和控制。如在招标方案中，需阐述项目招标采购范围、组织方式、招标方式以及各标段划分组合和招标顺序；在招标工作进度规划中，就须按标包划分对各批次的招标任务规定相应的起始时间，并用横道图或网络图进行表述以便执行和控制。依不同的采购标的，进度规划的内容分别如下。

（1）工程招标主要有工程项目的细分、工程建设程序、工程总进度规划、招标相关工作顺序和时间安排，以及相关责任主体等。

（2）货物招标主要有采购货物的名称、数量、技术指标、时间节点、顺序安排、工程建设项目或生产需求的衔接配套和相关责任主体等。

（3）服务招标主要有服务内容、目标要求、需求特点、时间安排和相关责任主体等。

对于复杂项目，如进口机电产品招标的管理等，还应补充国际采购特殊环节的说明。

**4．招标方案与招标工作进度计划的管理**

对于一些简单项目的招标采购，招标方案的进度规划和招标工作进度计划可以合一。

招标方案（包括总体进度规划）与招标工作进度计划应该经过授权人审核和批准后方可实施，这是招标工作的重要原则。在实施过程中由于各种因素的变化，招标方案和招标工作进度计划均可能出现修改需求，应按照实际情况进行修改和调整，并且经过授权人再次批准后实施。

## 3.3 招标公告、资格预审公告与投标邀请书

### 3.3.1 招标公告

按照《招标投标法》和《招标投标法实施条例》的规定，招标人采用公开招标方式的，应当发布招标公告；依法必须进行招标项目的招标公告，应当在国务院发展改革部门依法指定的媒介发布。在不同媒介发布的同一招标项目的招标公告的内容应当一致。招标人以招标公告的方式邀请不特定的法人或者其他组织投标是公开招标的最显著特征。

招标公告内容应当真实、准确和完整。招标公告一经发出即构成招标活动的要约邀请，招标人不得随意更改。按照《招标投标法》《招标投标法实施条例》和《招标公告和公示信息发布管理办法》的相关规定，招标公告应当载明招标人的名称和地址、招标项目的性质和数量、实施地点和时间、投标截止日期以及获取招标文件的办法，采用电子招标投标方式的，潜在投标人访问电子招标投标交易平台的网址和方法等事项，做到内容真实、表达准确、完整不漏项。国务院有关部委对不同类型招标项目的招标公告的具体内容有以下规定。

（1）《招标公告和公示信息发布管理办法》规定，依法必须招标项目的资格预审公告和招标公告，应当载明以下内容。

① 招标项目的名称、内容、范围、规模、资金来源。

② 投标资格能力要求，以及是否接受联合体投标。

③ 获取资格预审文件或招标文件的时间、方式。

④ 递交资格预审文件或投标文件的截止时间、方式。

⑤ 招标人及其招标代理机构的名称、地址、联系人及联系方式。

⑥ 采用电子招标投标方式的，潜在投标人访问电子招标投标交易平台的网址和方法。

⑦ 其他依法应当载明的内容。

（2）工程建设施工项目。按照《工程建设项目施工招标投标办法》的规定，工程建设施工项目招标公告应当至少包括以下内容。

① 招标人的名称和地址。

② 招标项目的内容、规模、资金来源。

③ 招标项目的实施地点和工期。

④ 获取招标文件或者资格预审文件的地点和时间。

⑤ 对招标文件或者资格预审文件收取的费用。

⑥ 对投标人的资质等级的要求。

工程建设项目施工招标公告的格式和具体内容，可按照《标准施工招标文件》中要求的格式与内容办理。

（3）工程建设货物招标项目。按照《工程建设项目货物招标投标办法》（2013 年修订）的规定，工程建设项目货物招标公告应当包括以下内容。

① 招标人的名称和地址。

② 招标货物的名称、数量、技术规格、资金来源。

③ 交货的地点和时间。

④ 获取招标文件或者资格预审文件的地点和时间。

⑤ 对招标文件或者资格预审文件收取的费用。

⑥ 提交资格预审申请书或者投标文件的地点和截止日期。

⑦ 对投标人的资格要求。

（4）机电产品国际招标项目。机电产品国际招标项目的招标公告格式和详细内容要求，可按《机电产品采购国际竞争性招标文件》的格式和内容要求办理，具体包括以下内容。

① 招标人（招标机构）的名称、招标项目、招标货物的名称和数量、交货时间和地点及主要技术参数。

② 潜在投标人可以进一步得到信息的机构名称。

③ 招标文件出售时间、地点和费用。

④ 递交投标文件的时间、地点与截止日期。

⑤ 开标时间与地点。

⑥ 联系方式。

（5）政府采购项目。按照《政府采购货物和服务招标投标管理办法》（2017 年修订）和《政府采购信息公告管理办法》的规定，政府采购项目公开招标的招标公告应当包括以下内容。

① 采购人、采购代理机构的名称、地址和联系方式。

② 招标项目的名称、用途、数量、简要技术要求或者招标项目的性质。

③ 供应商资格要求。

④ 获取招标文件的时间、地点、方式及招标文件售价。

⑤ 投标截止时间、开标时间及地点。

⑥ 采购项目联系人姓名和电话。

## 3.3.2 资格预审公告

资格预审公告是指招标人通过媒介发布公告，表示招标项目采用资格预审的方式公开选

择条件合格的潜在投标人，使感兴趣的潜在投标人了解招标、采购项目的情况及资格条件，前来购买资格预审文件，参加资格预审和投标竞争。

按照《招标投标法实施条例》第十五条规定，招标人采用资格预审办法对潜在投标人进行资格审查的，应当发布资格预审公告。依法必须进行招标的项目的资格预审公告，应当在国务院发展改革部门依法指定的媒介发布。资格预审公告的内容应当真实、准确和完整。

目前，对不同类型招标项目的资格预审公告内容有以下规定。

**1. 工程建设项目资格预审公告**

根据《工程建设项目施工招标投标办法》《标准施工招标资格预审文件》中的规定，工程建设项目资格预审公告内容如下。

（1）招标项目的条件，包括项目审批、核准或备案机关名称、资金来源、项目出资比例、招标人的名称等。

（2）项目概况与招标范围，包括本次招标项目的建设地点、规模、计划工期、招标范围、标段划分等。

（3）对申请人的资格要求，包括资质等级与业绩，是否接受联合体申请、申请标段数量。

（4）资格预审方法，表明是采用合格制还是有限数量制。

（5）资格预审文件的获取时间、地点和售价。

（6）资格预审申请文件的提交地点和截止时间。

（7）同时发布公告的媒介名称。

（8）联系方式，包括招标人、招标代理机构项目联系人的名称、地址、电话、传真、网址、开户银行及账号等。

**2. 政府采购项目资格预审公告**

按照《政府采购信息公告管理办法》规定，政府采购货物和服务项目邀请招标资格预审公告应包括如下内容。

（1）采购人、采购代理机构的名称、地址、联系方式。

（2）招标项目名称、用途、数量、简要技术要求或项目性质。

（3）供应商资格要求。

（4）提交资格申请及证明材料的截止时间及资格审查日期。

（5）采购项目联系人姓名和电话。

## 3.3.3 投标邀请书

按照《招标投标法》第十七条规定：“招标人采用邀请招标方式的，应当向三个以上具备承担招标项目能力、资信良好的特定的法人或者其他组织发出投标邀请书。”投标邀请书的内容和招标公告的内容基本一致，只需增加了要求潜在投标人“确认”是否收到了投标邀请书的内容。如《标准施工招标文件》中关于“投标邀请书”的条款，就专门要求潜在投标人在规定时间以前，用传真或快递方式向招标人“确认”是否收到了投标邀请书。

政府采购项目的邀请招标采用了公开选择邀请合格投标人或潜在投标人的方法。《政府采购货物和服务招标投标管理办法》第十四条规定，采用邀请招标方式的，采购人或者采购代理机构应当通过以下方式产生符合资格条件的供应商名单，并从中随机抽取三家以上供应商向其发出投标邀请书。

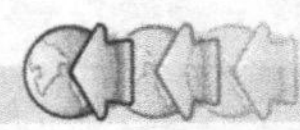



（1）发布资格预审公告征集。

（2）从省级以上人民政府财政部门（以下简称财政部门）建立的供应商库中选取。

（3）采购人书面推荐。

投标邀请书应当同时向所有受邀请的供应商发出。

必须注意的是，上述内容中凡涉及不同类型项目招标公告内容的，都应增加《招标投标法实施条例》第 37 条关于“招标人应当在资格预审公告、招标公告或者投标邀请书中载明是否接受联合体投标”的规定。

### 3.3.4　招标公告的发布

按照《招标投标法》和《招标投标法实施条例》的规定，依法必须招标项目的招标资格预审公告和投标公告应当在国务院发展改革部门依法指定的媒介发布。按照《招标公告和公示信息发布管理办法》的规定，依法必须招标项目的招标公告和公示信息应当在“中国招标投标公共服务平台”或者项目所在地省级电子招标投标公共服务平台（以下统一简称“发布媒介”）发布。

招标人或招标代理机构在媒介发布依法必须进行招标项目的招标公告时，应当注意以下事项。

（1）拟发布的招标公告和公示信息文本应当由招标人或其招标代理机构盖章，并由主要负责人或其授权的项目负责人签名。采用数据电文形式的，应当按规定进行电子签名。

招标人或其招标代理机构发布招标公告和公示信息，应当遵守招标投标法律法规关于时限的规定。

（2）依法必须招标项目的招标公告和公示信息鼓励通过电子招标投标交易平台录入后交互至发布媒介核验发布，也可以直接通过发布媒介录入并核验发布。

按照电子招标投标有关数据规范，要求交互招标公告和公示信息文本的，发布媒介应当在自收到起的十二个小时内发布。采用电子邮件、电子介质、传真、纸质文本等其他形式提交或者直接录入招标公告和公示信息文本的，发布媒介应当自核验确认起一个工作日内发布。核验确认最长不得超过三个工作日。

招标人或其招标代理机构应当对其提供的招标公告和公示信息的真实性、准确性、合法性负责。发布媒介和电子招标投标交易平台应当对所发布的招标公告和公示信息的及时性、完整性负责。

发布媒介应当按照规定采取有效措施，确保发布招标公告和公示信息的数据电文不被篡改、不遗漏和至少十年内可追溯。

另外，对于政府采购项目，财政部依法指定全国政府采购信息的发布媒介是《中国财经报》《中国政府采购网》和《中国政府采购》杂志。

## 3.4　资格审查

招标人可以根据招标项目本身的要求，在招标公告或者投标邀请书中要求潜在投标人提供有关的资质证明文件和业绩情况，并对潜在投标人进行资格审查；国家对投标人的资格条件有规定的，依照其规定。招标人不得以不合理的条件限制或者排斥潜在投标人，不得对潜

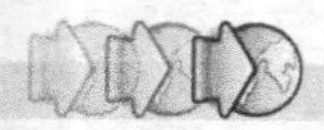


在投标人实行歧视待遇。

关于招标人以不合理的条件限制、排斥潜在投标人的行为，《招标投标法实施条例》第三十二条已详细列明，招标人在编制资格文件时应加以注意。例如，设定的资格、技术、商务条件与招标项目的具体特点和实际需要不相适应或者与合同履行无关；依法必须进行招标的项目以特定行政区域或者特定行业的业绩、奖项作为加分条件或者中标条件；对潜在投标人或者投标人采取不同的资格审查或者评标标准；限定或者指定特定的专利、商标、品牌、原产地或者供应商；依法必须进行招标的项目非法限定潜在投标人或者投标人的所有制形式、组织形式等。一般来说，资格审查分为资格预审和资格后审两种方式。

## 3.4.1 资格预审

资格预审，是指投标前对获取资格预审文件并提交资格预审申请文件的潜在投标人进行资格审查的一种方式。一般适用于潜在投标人较多或者大型、技术复杂的项目。

**1. 资格预审程序**

根据国务院有关部门对资格预审的要求和《标准施工招标资格预审文件》范本的规定，资格预审一般按以下程序进行。

（1）编制资格预审文件。

（2）发布资格预审公告。

（3）出售资格预审文件。

（4）资格预审文件的澄清、修改。

（5）潜在投标人编制并提交资格预审申请文件。

（6）组建资格审查委员会。

（7）由资格审查委员会对资格预审申请文件进行评审并编写资格预审评审报告。

（8）招标人审核资格预审评审报告，确定资格预审合格申请人。

（9）向通过资格预审的申请人发出资格预审结果通知书（或发出投标邀请书代资格预审结果通知书），并向未通过资格预审的申请人发出资格预审结果通知书。

其中，编制资格预审文件和进行资格预审申请文件的评审，是完成整个资格预审工作的两项关键程序。

**2. 资格预审文件的内容构成和编制**

资格预审文件是招标人公开告知潜在投标人参加招标项目投标竞争应具备资格条件、标准和方法的重要文件，是对投标申请人进行资格评审和确定合格投标人的依据。

关于资格预审文件内容构成的具体规定，目前主要如下。

（1）工程施工招标项目。按照《标准施工招标资格预审文件》的要求，工程施工招标项目资格预审文件的内容应包括资格预审公告、申请人须知、资格审查办法、资格预审申请文件格式、资格预审文件的澄清与修改、项目建设概况等。

（2）货物招标项目。按照《工程建设项目货物招标投标办法》的规定，货物招标项目资格预审文件内容一般应包括资格预审邀请书、申请人须知、资格要求、其他业绩要求、资格审查标准和方法、资格预审结果的通知方式。

按照《招标投标法实施条例》第十五条规定：编制依法必须进行招标项目的资格预审文件，应当使用国务院发展改革部门会同有关行政监督部门制定的标准文本。招标人应当根据

招标项目的具体特点和实际需要，按照公开、公平、公正和诚实信用的原则，以及国家或有关部门对资格预审文件内容和格式规定与要求，科学合理设置资格条件及其评审标准和评审方法，编制招标项目的资格预审文件。

**3. 发售资格预审文件时间**

按照《招标投标法实施条例》第十六条规定，招标人应当按照资格预审公告或者投标邀请书规定的时间、地点发售资格预审文件。资格预审文件发售期不得少于五日。

**4. 资格预审文件的澄清与修改**

按照《招标投标法实施条例》的规定，招标人可以对已发出的资格预审文件进行必要的澄清与修改，并应做到以下内容。

（1）澄清和修改的内容可能影响资格预审申请文件的，招标人应当在提交资格预审申请文件截止时间至少三日前，以书面形式通知所有获取资格预审文件的潜在投标人；不足 3 日的，招标人应当顺延提交资格预审申请文件的截止时间。

（2）潜在投标人或者其他利害关系人对资格预审文件有异议的，应当在提交资格预审申请文件截止时间二日前提出。招标人应当自收到异议之日起三日内做出答复；做出答复前，应当暂停招标投标活动。

（3）招标人编制的资格预审文件的内容违反法律、行政法规的强制性规定，违反公开、公平、公正和诚实信用原则，影响资格预审结果的，依法必须进行招标的项目的招标人应当在修改资格预审文件后重新招标。

**5. 对资格预审申请文件的评审**

采用资格预审的，按照《招标投标法》和《招标投标法实施条例》中关于对潜在投标人进行资格审查的规定进行评审。组织并做好资格预审申请文件的评审工作，是资格预审的重点工作。评审工作的具体内容如下。

（1）资格审查组织。按照《招标投标法实施条例》第十八条规定，国有资金控股或者占主导地位的依法必须进行招标的项目，资格预审申请文件的评审由招标人组建的资格审查委员会负责。资格审查委员会及其成员的组成应当依照《招标投标法》有关评标委员会及其成员的规定进行。

（2）资格条件与评审标准。按照《招标投标法》和《招标投标法实施条例》的规定，资格预审应当按照资格预审文件载明的标准进行。

按照《工程建设项目施工招标投标办法》第二十条规定，资格审查应主要审查潜在投标人是否符合下列条件。

① 具有独立订立合同的权利。

② 具有履行合同的能力，包括专业、技术资格和能力，资金、设备和其他物质设施状况，管理能力，经验、信誉和相应的从业人员。

③ 没有处于被责令停业，投标资格被取消，财产被接管、冻结，破产状态。

④ 在最近三年内没有骗取中标、严重违约及出现重大工程质量问题。

⑤ 国家规定的其他资格条件。

（3）资格预审评审工作程序与要求。参照《标准施工招标资格预审文件》，资格预审的评审工作程序如下。

① 初步审查。

② 详细审查。

③ 资格预审申请文件的澄清。

④ 评分（采用有限数量制时，如需要）。

⑤ 资格审查委员会提出通过资格预审的合格申请人名单，编写并提交资格预审书面审查报告。

⑥ 招标人审核资格审查委员会提交的资格预审书面审查报告并确定资格预审合格申请人。

**6. 发出资格预审结果通知书**

按照《招标投标法实施条例》第十九条规定，资格预审结束后，招标人应当及时向资格预审申请人发出资格预审结果通知书。未通过资格预审的申请人不具有投标资格。通过资格预审的申请人少于三个的，应当重新招标。

### 3.4.2 资格后审

资格后审，是指在开标后对投标人进行的资格审查。按照《招标投标法实施条例》第 20 条的规定，资格后审应当在开标后由评标委员会按照招标文件规定的标准和方法对投标人的资格进行审查。

招标人采用资格后审的，应当注意资格后审一般在评标过程中的初步评审开始时进行，招标人应当在招标文件中载明对投标人资格要求的条件、标准和方法。资格后审由评标委员会负责完成，评标委员会应按照招标文件规定的评审标准和方法进行评审，对资格后审不合格的投标人，评标委员会应当否决其投标。

## 3.5 招标文件

### 3.5.1 招标文件的构成

招标文件是招标人向潜在投标人发出的要约邀请文件，是向投标人发出的编写投标文件所需的资料，并向其告知招标投标将依据的规则、标准、方法和程序等内容的书面文件。

**1. 招标文件的一般构成**

按照有关招标投标法律法规与规章的规定，招标文件一般由以下七项基本内容构成。

（1）招标公告或投标邀请书。

（2）投标人须知（含投标报价和对投标人的各项投标规定与要求）。

（3）评标标准和评标方法。

（4）技术条款（含技术标准、规格、使用要求以及图纸等）。

（5）投标文件格式。

（6）拟签订合同主要条款和合同格式。

（7）附件和其他要求投标人提供的材料。

各类招标文件一般都包括以上七项基本内容。另外，国务院有关部委结合行业特点，对不同类型招标项目的招标文件的内容构成进行了一些具体规定。

**2. 不同类型招标项目的招标文件的构成**

（1）工程建设项目。按照《工程建设项目施工招标投标办法》和《标准施工招标文件》

的规定，工程建设项目施工招标文件的构成如下。

① 招标公告（或投标邀请书）。

② 投标人须知。

③ 合同主要条款。

④ 投标文件格式。

⑤ 采用工程量清单招标的，应当提供工程量清单。

⑥ 技术条款。

⑦ 设计图纸。

⑧ 评标标准和方法。

⑨ 投标辅助材料。

需要注意的是，对招标文件澄清、修改的内容应当作为招标文件的组成部分。

（2）机电产品国际招标项目。按照《机电产品国际招标投标实施办法（试行）》和《机电产品采购国际竞争性招标文件》的规定，机电产品国际招标文件的构成应当如下。

① 招标公告或投标邀请书。

② 投标人须知及投标资料表。

③ 招标产品的名称、数量、技术要求及其他要求。

④ 投标文件格式。

⑤ 评标方法和标准。

⑥ 合同条款。

⑦ 合同格式。

⑧ 其他材料。

（3）政府采购项目。按照《政府采购货物和服务招标投标管理办法》的规定，政府采购项目招标文件的构成应当如下。

① 投标邀请。

② 投标人须知（包括投标文件的密封、签署、盖章要求等）。

③ 投标人应当提交的资格、资信证明文件。

④ 为落实政府采购政策，采购标的需满足的要求，以及投标人须提供的证明材料。

⑤ 投标文件编制要求，投标报价要求，投标保证金交纳、退还方式，以及不予退还投标保证金的情形。

⑥ 采购项目预算金额设定最高限价的，还应当公开最高限价。

⑦ 采购项目的技术规格、数量、服务标准、验收等要求，包括附件、图纸等。

⑧ 拟签订的合同文本。

⑨ 货物、服务提供的时间、地点、方式。

⑩ 采购资金的支付方式、时间、条件。

⑪ 评标方法、评标标准和投标无效情形。

⑫ 投标有效期。

⑬ 投标截止时间、开标时间及地点。

⑭ 采购代理机构代理费用的收取标准和方式。

⑮ 投标人信用信息查询渠道及截止时点、信用信息查询记录和证据留存的具体方式、信用信息的使用规则等。

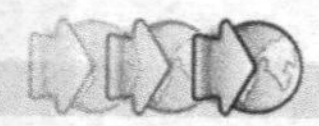


⑯ 省级以上财政部门规定的其他事项。

**3. 招标文件的实质性要求和条件**

按照《招标投标法》的规定，招标文件一般应当包括项目的技术要求、技术标准、对投标人资格审查的标准、投标报价要求、评标标准、标段、工期和拟签订合同的主要条款等实质性要求和条件。也就是说，无论何种类型的招标项目，除了《招标投标法》已做出的以上内容规定之外，招标人还可以根据项目特点和不同条件情况的不同需求，把其他必须作为实质性要求和条件的重要内容明确标明列入招标文件。根据国务院有关部门的规定，招标文件中的实质性要求和条件至少还应当包括以下内容。

（1）投标保证金的数额、提交方式和投标保证金的有效期。

（2）投标有效期和出现特殊情况的处理办法。

（3）货物交货期和提供服务的时间。

（4）是否允许价格调整及调整方法。

（5）是否要求提交备选方案及备选方案的评审办法。

（6）是否允许对非主体、非关键工作或货物进行分包及相应要求。

（7）是否接受联合体投标及相应要求。

（8）对采用工程量清单招标的，应当明确规定提供工程量清单及相应要求。

（9）各项技术规格，如安全、质量、环保和能耗等，是否符合国家强制性标准与规定。

（10）不得要求或标明特定的生产供应者以及含有倾向或者排斥潜在投标人的内容，若必须引用某一供应者的技术规格才能准确或清楚说明拟招标货物的技术规格，则必须明确其处理方法。

（11）对投标文件的签署及密封要求。

（12）履约保证金的数额和担保形式。

（13）其他必须明确标明的实质性要求和条件。

## 3.5.2 招标文件的编制

招标文件应当依照《招标投标法》《招标投标法实施条例》和相关法规规章要求，根据项目特点和需要进行编制。编制招标文件时，不仅要抓住重点，根据不同需求，合理确定对投标人资格审查的标准、投标报价要求、评标标准、评标方法、标段（或标包）、工期（或交货期）和拟签订合同的主要条款等实质性内容，而且格式应当符合法规要求，内容完整无遗漏，文字严密，表达准确，逻辑性强。无论招标项目多么复杂，招标文件都应按照以下要求编制。

**1. 依法编制招标文件并满足招标人使用要求**

招标文件的编制不仅应当遵守《招标投标法》和《招标投标法实施条例》的规定，而且还应当符合国家的其他相关法律法规，招标文件中的各项技术标准应符合国家强制性标准，满足招标人使用要求。按照《招标投标法实施条例》第二十三条的规定，招标人编制的资格预审文件、招标文件的内容违反法律、行政法规的强制性规定，违反公开、公平、公正和诚实信用原则，影响资格预审结果或者潜在投标人投标的，依法必须进行招标的项目的招标人应当在修改资格预审文件或者招标文件后重新招标。

**2. 合理划分标段（或标包）和确定工期（或交货期）**

按照《招标投标法实施条例》第二十四条的规定，招标人对招标项目划分标段的，应当遵守《招标投标法》的有关规定，不得利用划分标段限制或者排斥潜在投标人。依法必须进行招标项目的招标人不得利用划分标段规避招标。因此，招标人应当按照《招标投标法实施条例》规定的原则，合理划分标段（或标包）、确定工期（或交货期），并在招标文件中载明。对工程技术上紧密相连、不可分割的单位工程不得分割标段。

**3. 明确规定具体而详细的使用与技术要求**

招标人根据招标项目的特点和需要编制招标文件时，应在招标文件中载明招标项目每个标段或标包的各项使用要求、技术标准、技术参数等。按照《工程建设项目货物招标投标办法》第二十五条的规定，招标文件规定的各项技术规格应当符合国家技术法规的规定。招标文件中规定的各项技术规格均不得要求或标明某一特定的专利技术、商标、名称、设计、原产地或供应者等，不得含有倾向或者排斥潜在投标人的其他内容。如果必须引用某一供应者的技术规格才能准确或清楚地说明拟招标货物的技术规格，则应当在参照后面加上“或相当于”的字样。

按照《招标投标法实施条例》第三十条的规定，对技术复杂或者无法精确拟定技术规格的项目，招标人可以分两阶段进行招标。第一阶段，投标人按照招标公告或者投标邀请书的要求提交一份带报价的技术建议，招标人根据投标人提交的技术建议确定技术标准和要求，编制招标文件。第二阶段，招标人向第一阶段提交技术建议的投标人提供招标文件，投标人按照招标文件的要求提交包括最终技术方案和投标报价的投标文件。

**4. 用醒目的方式标明实质性要求和条件**

按照《工程建设项目施工招标投标办法》和《工程建设项目货物招标投标办法》的规定，招标人应当在招标文件中规定实质性要求和条件，说明不满足其中任何一项实质性要求和条件的投标将被拒绝，并用醒目的方式标明。《机电产品国际招标投标实施办法（试行）》规定，对招标文件中的重要条款（参数）应当加注星号（“*”），并注明如不满足任一带星号（“*”）的条款（参数），将被视为不满足招标文件实质性要求，并导致投标被否决。

**5. 规定评标标准和评标方法以及除价格以外的所有评标因素**

按照《工程建设项目施工招标投标办法》和《工程建设项目货物招标投标办法》的规定，招标文件应当明确规定评标标准、评标方法和除价格以外的所有评标因素，以及如何将这些因素量化或者据以进行评估。在评标过程中，不得改变招标文件中规定的评标标准、方法和中标条件。评标标准和评标方法不仅要作为实质性条款列入招标文件，而且还要强调在评标过程中不得改变。

**6. 规定提交备选方案和对备选方案的处理办法**

按照《工程建设项目施工招标投标办法》和《工程建设项目货物招标投标办法》的规定，招标人可以要求投标人在提交符合招标文件规定要求的投标文件外，提交备选投标方案，但应当在招标文件中做出说明，并提出相应的评审和比较办法，不符合中标条件的投标人的备选投标方案不予考虑。符合招标文件要求且评标价最低或综合评分最高而被推荐为中标候选人的投标人，其所提交的备选投标方案方可予以考虑。

按照《机电产品国际招标投标实施办法（试行）》规定，招标文件允许备选方案的，评标委员会对有备选方案的投标人进行评审时，应当以主选方案为准进行评标。备选方案应当实质性响应招标文件要求。凡提供两个以上备选方案或者未按要求注明主选方案的，该投标

应当被否决。凡备选方案的投标价格高于主选方案的，该备选方案将不予采纳。

**7. 规定编制投标文件的合理时间并载明招标文件最短发售期**

按《招标投标法》第二十四条的规定，招标人应当确定投标人编制投标文件所需要的合理时间，依法必须招标项目自招标文件开始发出之日起至投标人提交投标文件截止之日止不得少于二十日。

按照《招标投标法实施条例》第十六条的规定，招标文件的发售期不得少于五日。

**8. 规定需要踏勘现场的时间和地点**

按照《招标投标法》第二十一条和《招标投标法实施条例》第二十八条的规定，招标人根据招标项目的具体情况，可以组织潜在投标人踏勘项目现场，但不得组织单个或者部分潜在投标人踏勘现场，并在招标文件中载明踏勘现场的时间和地点。

**9. 明确投标有效期**

按照《招标投标法实施条例》第二十五条的规定，招标人应当在招标文件中载明投标有效期，投标有效期从提交投标文件的截止日起算。

**10. 明确投标保证金的数额、有效期以及提交与退还方式**

招标人要求提交投标保证金的，应当在招标文件中明确投标保证金的数额和有效期以及提交及退还方式。按照《招标投标法实施条例》第二十六条的规定，投标保证金不得超过招标项目估算价的 2%。投标保证金有效期应当与投标有效期一致。依法必须进行招标项目的境内投标单位，以现金或者支票形式提交的投标保证金应当从其基本账户转出。

采用两阶段招标方法的，招标人应当在第二阶段提出投标人提交投标保证金的要求。

按照《招标投标法实施条例》第三十一条的规定，招标文件中应明确因招标人原因终止招标的，招标人应当及时退还所收取的投标保证金及银行同期存款利息。按照《招标投标法实施条例》第五十七条的规定，招标文件中应明确招标人最迟应当在书面合同签订后五日内向中标人和未中标的投标人退还投标保证金及银行同期存款利息。

**11. 不得以不合理的条件限制和排斥潜在投标人或者投标人**

按照《招标投标法实施条例》第三十二条的规定，招标人编制招标文件，不得有下列不合理条件限制、排斥潜在投标人或投标人的事项。

（1）就同一招标项目向潜在投标人或者投标人提供有差别的项目信息。

（2）设定的资格、技术、商务条件与招标项目的具体特点和实际需要不相适应或者与合同履行无关。

（3）依法必须进行招标的项目以特定行政区域或者特定行业的业绩、奖项作为加分条件或者中标条件。

（4）对潜在投标人或者投标人采取不同的资格审查或者评标标准。

（5）限定或者指定特定的专利、商标、品牌、原产地或者供应商。

（6）依法必须进行招标的项目非法限定潜在投标人或者投标人的所有制形式、组织形式。

（7）以其他不合理条件限制、排斥潜在投标人或者投标人。

**12. 明确招标文件的售价**

按照《招标投标法实施条例》第十六条的规定，招标人发售资格预审文件、招标文件收取的费用应当限于补偿印刷、邮寄的成本支出，不得以营利为目的。招标人或招标代理机构可收取招标文件成本费。

如果招标人终止招标的，按照《招标投标法实施条例》第三十一条的规定，招标人应当

及时退还所收取的资格预审文件或招标文件的费用。

**13. 充分利用和发挥招标文件标准文本或示范文本的作用**

《招标投标法实施条例》第十五条规定，编制依法必须进行招标的项目的招标文件，应当使用国务院发展改革部门会同有关行政监督部门制定的标准文本。为了规范招标文件的编制和提高招标文件质量，国务院有关部委组织专家和相关工作人员编制了一系列招标文件标准文本或示范文本。因此，应当充分利用和发挥招标文件标准文本或示范文本的积极作用，按规定和要求编制招标文件，以保证和提高招标文件的质量。

### 3.5.3 招标文件的审核或备案

国务院有关部门对依法必须招标项目的招标文件的审批或备案的规定主要如下。

按照《机电产品国际招标投标实施办法（试行）》的规定，商务部委托专门网站为机电产品国际招标投标活动提供公共服务和行政监督的平台（以下简称招标网）。机电产品国际招标投标应当在招标网上完成招标项目建档、招标过程文件存档和备案、资格预审公告发布、招标公告发布、评审专家抽取、评标结果公示、异议投诉、中标结果公告等招标投标活动的相关程序，但涉及国家秘密的招标项目除外。

### 3.5.4 招标文件的澄清与修改

按照《招标投标法》第二十三条的规定，招标人对已发出的招标文件进行必要的澄清或者修改的，应当在招标文件要求提交投标文件截止时间的至少十五日前，以书面形式通知所有招标文件收受人。该澄清或者修改的内容为招标文件的组成部分。这里的“澄清”，是指招标人对招标文件中的遗漏、词义表述不清的补充，对比较复杂事项进行的补充说明或回答投标人提出的问题。这里的“修改”是指招标人对招标文件中出现的遗漏、差错、表述不清等问题认为必须进行的修订。对招标文件的澄清与修改，应当注意以下三点。

**1. 招标人有权对招标文件进行澄清与修改**

招标文件发出以后，无论出于何种原因，招标人可以对发现的错误或遗漏，在规定时间内主动地或在潜在投标人提出问题进行解答时澄清或者修改，改正差错，避免损失。

**2. 澄清与修改的时限**

招标人对已发出的招标文件的澄清与修改，按《招标投标法》第二十三条的规定，应当在投标文件截止时间的至少十五日前通知所有购买招标文件的潜在投标人。按《招标投标法实施条例》第二十一条、第二十二条的规定，澄清或者修改的内容可能影响投标文件编制的，招标人应当在投标文件截止时间的至少十五日前，以书面形式通知所有获取招标文件的潜在投标人；不足十五日的，招标人应当顺延提交投标文件的截止时间。潜在投标人或者其他利害关系人对招标文件有异议的，应当在投标截止时间十日前提出。招标人应当自收到异议之日三日内做出答复；做出答复前，应当暂停招标投标活动。

按照《政府采购货物和服务招标投标管理办法》第二十七条的规定，澄清或者修改的内容可能影响投标文件编制的，采购人或者采购代理机构应当在投标截止时间的至少十五日前，以书面形式通知所有获取招标文件的潜在投标人；不足十五日的，采购人或者采购代理机构应当顺延提交投标文件的截止时间，并在原公告发布媒体上发布澄清公告。

**3. 澄清或者修改的内容应为招标文件的组成部分**

按照《招标投标法》第二十三条关于招标人对招标文件澄清和修改应以书面形式通知所有招标文件收受人，该澄清或者修改的内容为招标文件的组成部分的规定，招标人可以直接采取书面形式，也可以采用召开投标预备会的方式进行解答和说明，但最终必须将澄清与修改的内容以书面方式通知所有招标文件收受人，而且作为招标文件的组成部分。《政府采购货物和服务招标投标管理办法》第二十七条规定，招标采购单位对已发出的招标文件进行必要澄清和修改的，应在原公告发布媒体上发布更正公告，并以书面形式通知所有招标文件收受人，该澄清或者修改的内容为招标文件的组成部分。

### 3.5.5 标底及最高投标限价的编制

招标人可以自行决定是否编制标底，招标项目可以不设标底，进行无标底招标。按照《招标投标法实施条例》第二十七条和《工程建设项目施工招标投标办法》第三十四条的规定，标底的编制应当掌握以下几点。

（1）任何单位和个人不得强制招标人编制或报审标底，或干预其确定标底。

（2）一个招标项目只能有一个标底，分标段招标的，按标段编制标底。

（3）标底必须保密。

（4）接受委托编制标底的中介机构不得参加受托编制标底项目的投标，也不得为该项目的投标人编制投标文件或者提供咨询。

按照《招标投标法实施条例》第二十七条的规定，招标人设有最高投标限价的，应当在招标文件中明确最高投标限价或者最高投标限价的计算方法。招标人不得规定最低投标限价。

## 3.6 投标文件

### 3.6.1 投标文件的内容与编制

**1. 招标文件的内容及构成**

《招标投标法》第二十七条、第三十条对投标文件的规定，投标人应当按照招标文件的要求编制投标文件，投标文件应当对招标文件提出的实质性要求和条件做出响应。招标项目属于建设施工的，投标文件应当包括拟派出的项目负责人与主要技术人员的简历、业绩和拟用于完成招标项目的机械设备等。投标人根据招标文件载明的项目实际情况，拟在中标后将中标项目的部分非主体、非关键性工作进行分包的，应当在投标文件中载明。

按此原则，国务院有关部门均对其进行了具体规定。

（1）工程建设施工项目

《工程建设项目施工招标投标办法》第三十六条规定，工程建设施工项目的投标文件的内容及构成一般如下。

① 投标函。

② 投标报价。

③ 施工组织设计。

④ 商务和技术偏差表。

（2）工程建设货物项目

《工程建设项目货物招标投标办法》第三十三条规定，工程建设货物项目的投标文件的内容及构成一般如下。

① 投标函。

② 投标一览表。

③ 技术性能参数的详细描述。

④ 商务和技术偏差表。

⑤ 投标保证金。

⑥ 有关资格证明文件。

⑦ 招标文件要求的其他内容。

（3）机电产品国际招标项目

《机电产品国际招标投标实施办法（试行）》第二十条规定，机电产品国际招标项目的投标文件的内容及构成一般如下。

① 投标书格式。

② 开标一览表。

③ 投标分项报价表。

④ 产品说明一览表。

⑤ 技术规格响应/偏离表。

⑥ 商务条款响应/偏离表。

⑦ 投标保证金银行保函。

⑧ 单位负责人授权书。

⑨ 资格证明文件。

⑩ 履约保证金银行保函。

⑪ 预付款银行保函。

⑫ 信用证样本。

⑬ 要求投标人提供的其他材料。

**2. 招标文件编制的基本要求**

《招标投标法》第二十七条规定，投标人应当按照招标文件的要求编制投标文件。投标文件应当对招标文件提出的实质性要求和条件做出响应。投标人在编制投标文件时，必须严格按照招标文件的要求编写投标文件，认真研究、正确理解招标文件的全部内容，不得对招标文件进行修改，不得遗漏或者回避招标文件中的问题，更不能提出任何附带条件。实质性要求和条件一般包括投标文件的签署、投标保证金、招标项目完成期限、投标有效期、重要的技术规格和标准、合同条款及招标人不能接受的其他条件等。

### 3.6.2 投标文件的补充与修改或撤回与撤销

《招标投标法》第二十九条规定，投标人在招标文件要求提交投标文件的截止时间之前，可以补充与修改或者撤回已提交的投标文件，并书面通知招标人，补充与修改的内容为投标文件的组成部分。《招标投标法实施条例》第三十五条还规定，招标人已收取投标保证

金的，应当自收到投标人书面撤回通知之日起五日内退还。投标截止后投标人撤销投标文件的，招标人可以不退还投标保证金。

投标文件的补充与修改是指对已经递交的投标文件中的遗漏和不足的部分进行增补与修订。撤回是指投标人在投标截止时间前收回已经递交给招标人的投标文件，不再投标，或在规定时间内重新编制投标文件，并在规定时间内送达指定地点重新投标。撤销是指投标人在投标截止时间之后收回已经递交给招标人的投标文件，在这种情况下，招标人可以不退还投标保证金。

**1. 工程施工项目**

《工程建设项目施工招标投标办法》第三十九条和《工程建设项目货物招标投标办法》第三十五条均规定，投标人在招标文件要求提交投标文件的截止时间前可以补充、修改、替代或者撤回已提交的投标文件，并书面通知招标人。补充、修改的内容为投标文件的组成部分。

**2. 机电产品国际招标项目**

《机电产品国际招标投标实施办法（试行）》第三十九条规定，投标人在招标文件要求的投标截止时间前应当将投标文件送达招标文件规定的投标地点。投标人可以在规定的投标截止时间前书面通知招标人，对已提交的投标文件进行补充、修改或撤回。补充、修改的内容应当作为投标文件的组成部分。投标人不得在投标截止时间后对投标文件进行补充、修改。

**3. 政府采购货物和服务项目**

《政府采购货物和服务招标投标管理办法》第三十四条规定，投标人在投标截止时间前可以对所递交的投标文件进行补充、修改或者撤回，并书面通知采购人或者采购代理机构。补充、修改的内容应当按照招标文件要求签署、盖章、密封后，作为投标文件的组成部分。

## 3.6.3 投标文件的签署与密封

《招标投标法实施条例》第三十六条规定，不按照招标文件要求密封的投标文件，招标人应当拒收。招标人应当如实记载投标文件的送达时间和密封情况，并存档备查。第五十一条规定，投标文件未经投标单位盖章和单位负责人签字的，评标委员会应当否决其投标。

**1. 工程施工项目**

《工程建设项目施工招标投标办法》和《工程建设项目货物招标投标办法》均规定，投标人应当在招标文件要求提交投标文件的截止时间前，将投标文件密封后送达投标地点。招标人收到投标文件后，应当向投标人出具标明签收人和签收时间的凭证，在开标前任何单位和个人不得开启投标文件。投标文件未按招标文件要求密封的，招标人不予受理。无单位盖章并无法定代表人或法定代表人授权的代理人签字或盖章的，评标委员会初审后应当否决其投标。

**2. 机电产品国际招标项目**

《机电产品国际招标投标实施办法（试行）》规定，不按照招标文件要求密封的投标文件，招标人应当拒收。招标人或招标机构应当如实记载投标文件的送达时间和密封情况，并存档备查。招标文件应当明确规定投标文件中投标人应当小签的相应内容，其中投标文件的报价部分、重要商务和技术条款（参数）响应等相应内容应当逐页小签。

**3. 政府采购货物和服务项目**

《政府采购货物和服务招标投标管理办法》规定，未按照招标文件要求密封的投标文件，采购人、采购代理机构应当拒收。

无论是工程施工、机电产品国际招标还是其他类型的招标，除国家有关规定对投标文件的签署与密封做出规定外，招标文件还可能根据具体需要增加其他签署与密封的要求，投标人在投标文件编制时也应加以注意。

## 3.6.4 投标文件的送达与签收

《招标投标法》第二十八条规定，投标人应当在招标文件要求提交投标文件的截止时间前，将投标文件送达投标地点。招标人收到投标文件后，应当签收保存，不得开启。在招标文件要求提交投标文件的截止时间后送达的投标文件，招标人应当拒收。《招标投标法实施条例》第三十六条规定，未通过资格预审的申请人提交的投标文件，以及逾期送达的投标文件，招标人应当拒收。招标人应当如实记载投标文件的送达时间和密封情况，并存档备查。

**1. 投标文件的送达**

对于投标文件的送达，应注意以下几个问题。

（1）投标文件的提交截止时间。招标文件中通常会明确规定投标文件提交的时间，投标文件必须在招标文件规定的投标截止时间之前送达。

（2）投标文件的送达方式。投标人递送投标文件的方式可以是直接送达，即投标人派授权代表直接将投标文件按照规定的时间和地点送达，也可以通过邮寄方式送达。邮寄方式送达应以招标人实际收到时间为准，而不是以“邮戳为准”。

（3）投标文件的送达地点。投标人应严格按照招标文件规定的地址送达，特别是采用邮寄方式送达的。投标人因为递交地点发生错误而逾期送达投标文件的，将被招标人拒绝接收。

**2. 投标文件的签收**

投标文件按照招标文件的规定时间送达后，招标人应签收保存。《工程建设项目施工招标投标办法》第三十八条和《工程建设项目货物招标投标办法》第三十四条均规定，招标人收到投标文件后，应当向投标人出具标明签收人和签收时间的凭证，在开标前任何单位和个人不得开启投标文件。

《政府采购货物和服务招标投标管理办法》第三十三条规定，采购人或者采购代理机构收到投标文件后，应当如实记载投标文件的送达时间和密封情况，签收保存，并向投标人出具签收回执。任何单位和个人不得在开标前开启投标文件。

**3. 投标文件的拒收**

《招标投标法实施条例》第三十六条规定了招标人可以按照法律规定拒收或者不予受理投标文件的情形，一是未通过资格预审的申请人提交的投标文件，二是逾期送达的投标文件，三是不按照招标文件要求密封的投标文件。

（1）对于工程建设项目，《工程建设项目施工招标投标办法》第五十条和《工程建设项目货物招标投标办法》第三十四条均规定，投标文件有下列情形之一的，招标人不予受理。

① 逾期送达的或者未送达指定地点的。

② 未按招标文件要求密封的。

（2）对于机电产品国际招标项目，除了在规定的投标截止时间之前提交投标文件之外，

《机电产品国际招标投标实施办法（试行）》第三十八条还规定，投标人在招标文件要求的投标截止时间前，应当在招标网免费注册，注册时应当在招标网在线填写招标投标注册登记表，并将由投标人加盖公章的招标投标注册登记表及工商营业执照（复印件）提交至招标网；境外投标人提交所在地登记证明材料（复印件），投标人无印章的，提交由单位负责人签字的招标投标注册登记表。投标截止时间前，投标人未在招标网完成注册的不得参加投标，有特殊原因的除外。

（3）对于政府采购项目，《政府采购货物和服务招标投标管理办法》第三十三条规定，逾期送达或者未按照招标文件要求密封的投标文件，采购人、采购代理机构应当拒收。

## 3.6.5 投标有效期

投标有效期是指招标文件应当规定一个适当的有效期限，在此期限内投标文件对投标人具有法律约束力。《招标投标法实施条例》第二十五条规定，招标人应当在招标文件中载明投标有效期。投标有效期从提交投标文件的截止之日起算。投标保证金有效期应当与投标有效期一致。

**1. 投标有效期的确定**

《工程建设项目施工招标投标办法》第二十九条和《工程建设项目货物招标投标办法》第二十八条均规定，招标文件应当规定一个适当的投标有效期，以保证招标人有足够的时间完成评标和与中标人签订合同。投标有效期从招标文件规定的提交投标文件截止之日起计算。

**2. 投标有效期的延长**

《工程建设项目施工招标投标办法》第二十九条、《工程建设项目货物招标投标办法》第二十八条和《工程建设项目勘察设计招标投标办法》第四十六条均规定，在原投标有效期结束前出现特殊情况的，招标人可以书面形式要求所有投标人延长投标有效期。投标人同意延长的，不得要求或被允许修改其投标文件的实质性内容，但应当相应延长其投标保证金的有效期；投标人拒绝延长的，其投标失效，但投标人有权收回其投标保证金。因延长投标有效期造成投标人损失的，招标人应当给予补偿，但因不可抗力需要延长投标有效期的除外。《评标委员会和评标方法暂行规定》第四十条规定，评标和定标应当在投标有效期内完成。不能在投标有效期结束日内完成评标和定标的，招标人应当通知所有投标人延长投标有效期。《工程建设项目施工招标投标办法》第六十二条、《工程建设项目货物招标投标办法》第五十一条、《工程建设项目勘察设计招标投标办法》第四十二条规定，招标人和中标人应当在投标有效期内并在自中标通知书发出之日起三十日内，按照招标文件和中标人的投标文件订立书面合同。

（1）投标有效期延长的通知

招标人关于投标有效期的延长，应以书面形式通知投标人并获得投标人的书面同意。

（2）投标有效期延长的后果

① 投标有效期的延长应伴随投标保证金有效期的延长。《评标委员会和评标方法暂行规定》第四十条规定，同意延长投标有效期的投标人应当相应延长其投标保证金的有效期。

② 投标人有权拒绝延长投标有效期且不被扣留投标保证金。但是《工程建设项目施工招标投标办法》第二十九条、《工程建设项目货物招标投标办法》第二十八条均规定，投标

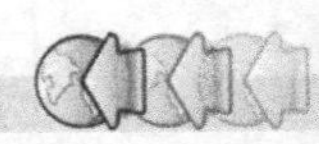


人一旦拒绝延长投标有效期，其投标失效。《机电产品采购国际竞争性招标文件（试行）》规定，招标人主动要求延长投标有效期但投标人拒绝的，招标人应当退还投标保证金。

③ 延长投标有效期可能导致重新招标的情形。《工程建设项目货物招标投标办法》第二十八条和《工程建设项目勘察设计招标投标办法》第四十八条均规定，同意延长投标有效期的投标人少于三个的，招标人应当重新招标。

④ 招标人应承担因投标有效期延长对投标人导致的相应损失。《评标委员会和评标方法暂行规定》第四十条和《工程建设项目施工招标投标办法》第二十九条均规定，因延长投标有效期造成投标人损失的，招标人应当给予补偿，但因不可抗力需延长投标有效期的除外。《工程建设项目勘察设计招标投标办法》第四十六条还规定，招标文件中规定给予未中标人补偿的，拒绝延长的投标人有权获得补偿。

## 3.6.6　投标保证金

投标保证金，是指为了避免因投标人投标后随意撤回、撤销投标或随意变更应承担相应的义务给招标人造成损失，要求投标人提交的担保。《招标投标法实施条例》第二十六条规定，招标人在招标文件中要求投标人提交投标保证金的，投标保证金不得超过招标项目估算价的 2%。招标人不得挪用投标保证金。第三十条规定，对技术复杂或者无法精确拟定技术规格的项目分两阶段进行招标的，招标人应当在第二阶段提出投标保证金的相关要求。

**1. 投标保证金的形式**

投标保证金的形式一般有如下几种。

① 银行保函或不可撤销的信用证。

② 保兑支票。

③ 银行汇票。

④ 转账支票或现金支票。

⑤ 现金。

⑥ 招标文件中规定的其他形式。

在招标投标实践中，招标人可以规定其他合法的形式，如银行电汇或电子汇兑等。依法必须进行招标的项目的境内投标单位，以现金或者支票形式提交的投标保证金应当从其基本账户转出。目前，对于不同类别的招标项目，投标保证金的形式也不尽相同。

（1）工程建设项目

《工程建设项目施工招标投标办法》第三十七条和《工程建设项目货物招标投标办法》第二十七条均规定，投标保证金除现金外，可以是银行出具的银行保函、保兑支票、银行汇票或现金支票，也可以是招标人认可的其他合法担保形式。

（2）机电产品国际招标项目

《机电产品国际招标投标实施办法（试行）》第二十三条规定，投标保证金可以是银行出具的银行保函或不可撤销的信用证、转账支票、银行即期汇票，也可以是招标文件要求的其他合法担保形式。

**2. 投标保证金的提交**

投标人在提交投标文件的同时，应按招标文件规定的金额、形式、时间向招标人提交投标保证金，并作为其投标文件的一部分。《招标投标法实施条例》第二十六条规定，依法必须进行招标的项目的境内投标单位，以现金或者支票形式提交的投标保证金应当从其基本账户转出。

投标保证金的提交，一般应注意以下几个问题。

（1）招标文件要求提交投标保证金的，投标保证金不足、无效、迟交、有效期不足或者形式不符合招标文件要求等情形，均将构成实质性不响应而被拒绝。

（2）对于工程货物招标项目，根据《工程建设项目货物招标投标办法》第二十七条的规定，招标人可以在招标文件中要求投标人以自己的名义提交投标保证金。

（3）对于联合体投标的，投标保证金可以由联合体各方共同提交或由联合体中的一方提交。联合体中的一方提交投标保证金的，对联合体各方均具有约束力。

（4）投标保证金作为投标文件的有效组成部分，投标人应按照招标文件要求的方式和金额，在提交投标文件截止之日前将投标保证金提交给招标人。

**3. 投标保证金的有效期**

《招标投标法实施条例》第二十五条规定，投标有效期从提交投标文件的截止之日起算。

《招标投标法实施条例》第二十六条规定，投标保证金有效期应当与投标有效期一致。

### 3.6.7 联合体投标

联合体投标是指两个以上法人或者其他组织可以组成一个联合体，以一个投标人的身份共同投标。《招标投标法实施条例》第三十七条规定，招标人应当在资格预审公告、招标公告或者投标邀请书中载明是否接受联合体投标。招标人接受联合体投标并进行资格预审的，联合体应当在提交资格预审申请文件前组成。

联合体投标是招标投标活动中一种特殊的投标人形式，常见于一些大型复杂的项目，这些项目靠单一投标人的能力不可能独立完成，或者能够独立完成的单一投标人数量极少，投标人通常组成联合体形式参与投标，以增强投标竞争力。

**1. 联合体的构成**

《招标投标法》第三十一条规定，两个以上法人或者其他组织可以组成一个联合体，以一个投标人的身份共同投标。

为了便于投标和合同执行，联合体所有成员共同指定联合体一方作为联合体的牵头人或代表，并授权牵头人代表所有联合体成员负责投标和合同实施阶段的主办、协调工作。这种方式常见于工程施工和设计招标项目中，根据《工程建设项目施工招标投标办法》和《工程建设项目勘察设计招标投标办法》的规定，联合体牵头人应向招标人提交由所有联合体成员法定代表人签署的授权书。关于联合体的构成，应注意以下几个问题。

（1）联合体对外以一个投标人的身份共同投标，联合体中标的，联合体各方应当共同与招标人签订合同，就中标项目向招标人承担连带责任。

（2）组成联合体投标是联合体各方的自愿行为。

（3）联合体各方签订共同投标协议后，不得再以自己的名义单独投标，也不得组成新的联合体或参加其他联合体在同一项目中投标。

在政府采购项目中，根据《政府采购法》第二十四条的规定，组成联合体的成员可以是自然人、法人或者其他组织。

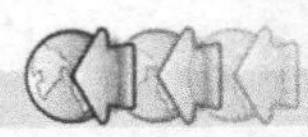

2. **联合体的资格条件**

根据《招标投标法》第三十一条的规定，联合体各方均应当具备承担招标项目的相应能力；国家有关规定或者招标文件对投标人资格条件有规定的，联合体各方均应当具备规定的相应资格条件。由同一专业的单位组成的联合体，按照资质等级较低的单位确定资质等级。联合体的资质等级采取就低不就高的原则，可以防止投标联合体以优等资质获取招标项目，而由资质等级低的供货商或承包商来实施项目的现象。

对于机电产品国际招标项目，《进一步规范机电产品国际招标投标活动有关规定》第四条规定，招标文件如允许联合体投标，应当明确规定对联合体牵头方和组成方的资格条件及其他相应要求。

对于政府采购的货物和服务招标项目，根据《政府采购货物和服务招标投标管理办法》第十九条的规定，采购人或者采购代理机构应当根据采购项目的实施要求，在招标公告、资格预审公告或者投标邀请书中载明是否接受联合体投标。如未载明，不得拒绝联合体投标。

3. **联合体的变更**

《招标投标法实施条例》第三十七条规定，资格预审后联合体增减、更换成员的，其投标无效。联合体各方在同一招标项目中以自己名义单独投标或者参加其他联合体投标的，相关投标均无效。

由于联合体属于临时性的松散组合，在投标过程中可能发生联合体成员变更的情形。通常情况下，联合体成员的变更必须在投标截止时间之前得到招标人的同意，如果联合体成员的变更发生在通过资格预审之后，其变更后联合体的资质需要进行重新审查。

（1）工程施工招标项目

根据《工程建设项目施工招标投标办法》第四十三条的规定，招标人接受联合体投标并进行资格预审的，联合体应当在提交资格预审申请文件前组成。资格预审后联合体增减、更换成员的，其投标无效。

（2）工程货物招标项目

根据《工程建设项目货物招标投标办法》第三十九条的规定，招标人接受联合体投标并进行资格预审的，联合体应当在提交资格预审申请文件前组成。资格预审后联合体增减、更换成员的，其投标无效。招标人不得强制资格预审合格的投标人组成联合体。

（3）工程勘察设计招标项目

根据《工程建设项目勘察设计招标投标办法》第二十七条的规定，招标人接受联合体投标并进行资格预审的，联合体应当在提交资格预审申请文件前组成。资格预审后联合体增减、更换成员的，其投标无效。

（4）其他类型招标项目

招标人可在招标文件中做相应的规定。通常情况下，变更后的联合体资质发生降低或者影响到招标的竞争性，招标人有权拒绝。

4. **联合体协议**

根据《招标投标法》第三十一条的规定，联合体各方应当签订共同投标协议，明确约定各方拟承担的工作和责任，并将共同投标协议连同投标文件一并提交招标人。《招标投标法实施条例》第五十一条规定，投标联合体没有提交共同投标协议，评标委员会应当否决其投标。

为了规范投标联合体各方的权利和义务，联合体各方应当签订书面的共同投标协议，明确各方拟承担的工作。如果中标的联合体内部发生纠纷，可以依据共同签订的协议加以解决。

**5. 联合体投标**

联合体形式的投标人在参与投标活动时，与单一投标人有所不同，主要体现在以下几个方面。

（1）投标文件中必须附上联合体协议。联合体投标未在投标文件中附上联合体协议的，招标人可以不予受理。《工程建设项目施工招标投标办法》第五十条、《工程建设项目货物招标投标办法》第四十一条、《工程建设项目勘察设计招标投标办法》第三十七条均规定，对未提交联合体协议的联合体投标文件，评标委员会应当否决其投标。

（2）投标保证金的提交可以由联合体共同提交，也可以由联合体的其中一方成员提交。投标保证金对联合体所有成员均具有法律约束力。

（3）对联合体各方承担项目能力的评审以及资质的认定，要求联合体所有成员均应按照招标文件的相应要求提交各自的资格审查资料。《标准施工招标文件》中规定，联合体投标的应按规定的表格和资料填写联合体各方相关情况。

## 3.7 开标

开标，即在招标投标活动中，由招标人主持，在招标文件预先载明的开标时间和开标地点，邀请所有投标人参加，公开宣布全部投标人的名称、投标价格及投标文件中的其他主要内容，使招标投标当事人了解各个投标的关键信息，并且将相关情况记录在案。开标是招标投标活动中“公开”原则的重要体现。

### 3.7.1 开标时间和地点

《招标投标法》第三十四条规定，开标应当在招标文件确定的提交投标文件截止时间的同一时间公开进行；开标地点应当为招标文件中预先确定的地点。《招标投标法实施条例》第四十四条也规定，招标人应当按照招标文件规定的时间、地点开标。

**1. 开标时间**

开标时间和提交投标文件截止时间应为同一时间，应具体确定到某年某月某日的几时几分，并在招标文件中明示。法律之所以如此规定，是为了杜绝招标人和个别投标人非法串通，在投标文件截止时间之后，视其他投标人的投标情况修改个别投标人的投标文件，从而损害国家和其他投标人利益的情况。招标人和招标代理机构必须按照招标文件中的规定按时开标，不得擅自提前或拖后开标，更不能不开标就进行评标。《工程建设项目勘察设计招标投标办法》第三十一条规定，除不可抗力原因外，招标人不得以任何理由拖延开标，或者拒绝开标。

《机电产品国际招标投标实施办法（试行）》第三十条规定，招标人顺延投标截止时间的，至少应当在招标文件要求提交投标文件的截止时间三日前，将变更时间书面通知所有获取招标文件的潜在投标人，并在招标网上发布变更公告。

**2. 开标地点**

开标地点应在招标文件中具体明示。开标地点可以是招标人的办公地点或指定的其他地点。开标地点应具体到要进行开标活动的房间，以便投标人和有关人员准时参加开标。

## 3.7.2　开标参与人

《招标投标法》第三十五条规定，开标由招标人主持，邀请所有投标人参加。对于开标参与人，应注意三个问题。

**1. 开标由招标人主持**

开标由招标人主持，也可以委托招标代理机构主持。在实际招标投标活动中，绝大多数委托招标项目，开标都是由招标代理机构主持的。

**2. 投标人自主决定是否参加开标**

《工程建设项目货物招标投标办法》第四十条明确规定，投标人或其授权代表有权出席开标会，也可以自主决定不参加开标会。招标人邀请所有投标人参加开标是法定的义务，投标人自主决定是否参加开标会是法定的权利。

**3. 其他依法可以参加开标的人员**

根据项目的不同情况，招标人可以邀请除投标人以外的其他方面相关人员参加开标。根据《招标投标法》第三十六条的规定，开标时，由投标人或者其推选的代表检查投标文件的密封情况，也可以由招标人委托的公证机构检查并公证。在实际的招标投标活动中，招标人经常邀请行政监督部门、纪检监察部门等参加开标，对开标程序进行监督。

## 3.7.3　开标的程序和内容

《招标投标法》第三十六条规定："开标时，由投标人或者其推选的代表检查投标文件的密封情况，也可以由招标人委托的公证机构检查并公证；经确认无误后，由工作人员当众拆封，宣读投标人名称、投标价格和投标文件的其他主要内容。招标人在招标文件要求提交投标文件的截止时间前收到的所有投标文件，开标时都应当当众予以拆封、宣读。开标过程应当记录，并存档备查。"通常，开标的程序和内容包括密封情况检查、拆封、唱标及记录存档等。

**1. 密封情况检查**

密封情况检查即当众检查投标文件密封情况。检查由投标人或者其推选的代表进行。如果招标人委托了公证机构对开标情况进行公证，也可以由公证机构检查并公证。如果投标文件未密封，或者存在拆开过的痕迹，则不能进入后续的程序。

**2. 拆封**

拆封当众拆开所有的投标文件。招标人或者其委托的招标代理机构的工作人员，应当对所有在投标文件截止时间之前收到的合格的投标文件，在开标现场当众拆封。

**3. 唱标**

招标人或者其委托的招标代理机构的工作人员应当根据法律规定和招标文件要求进行唱标，即宣读投标人名称、投标价格和投标文件的其他主要内容。对于机电产品国际招标项目，《机电产品国际招标投标实施办法（试行）》第四十七条规定："投标人的开标一览表、投标声明（价格变更或其他声明）都应当在开标时一并唱出，否则在评标时不予认可。投标总价中不应当包含招标文件要求以外的产品或服务的价格。"没有开封并进行唱标的投标文件，不应进入评标环节。

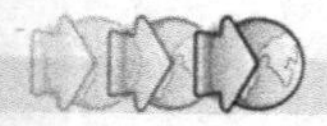


4. 记录并存档

招标人或者其委托的招标代理机构应当场制作开标记录，记载开标时间、地点、参与人、唱标内容等情况，并由参加开标的投标人代表签字确认，开标记录应作为评标报告的组成部分存档备查。《机电产品国际招标投标实施办法（试行）》第四十九条规定，招标人或招标机构应当在开标时制作开标记录，并在开标后三个工作日内上传招标网存档。

### 3.7.4 开标特殊情况的处理

《招标投标法实施条例》第四十四条规定，投标人少于三个的，不得开标；招标人应当重新招标；投标人对开标有异议的，应当在开标现场提出，招标人应当当场做出答复，并制作记录。

## 3.8 评标

### 3.8.1 评标专家

《招标投标法》第三十七条规定，评标专家应从事相关领域工作满八年并具有高级职称或者具有同等专业水平，由招标人从国务院有关部门或者省、自治区、直辖市人民政府有关部门提供的专家名册或者招标代理机构的专家库内的相关专业的专家名单中确定；一般招标项目可以采取随机抽取方式，特殊招标项目可以由招标人直接确定。评标委员会成员的名单在中标结果确定前应当保密。

《招标投标法实施条例》第四十五条规定，国家实行统一的评标专家专业分类标准和管理办法。具体标准和办法由国务院发展改革部门会同国务院有关部门制定。省级人民政府和国务院有关部门应当组建综合评标专家库。

为规范和统一评标专家专业分类，切实提高评标活动的公正性，国家发展和改革委等十部委制定了《评标专家专业分类标准（试行）》，实施全国统一的评标专家分类标准，建立健全规范化、科学化评标专家分类体系，各地各部门在保证分类体系和专业代码统一的前提下，可根据实际需要选择使用《标准》中的相关专业，也可以对《标准》的专业做进一步补充和细化。

1. 评标专家的条件

为规范评标活动，保证评标活动的公平、公正，提高评标质量，评标专家一般应具备以下条件。

（1）从事相关领域工作满八年并具有高级职称或者具有同等专业水平

从事相关领域工作满八年，是对专家实际工作经验和业务熟悉程度的要求，具有高级职称或者具有同等专业水平，是对专家的专业水准和职称的要求。两个条件的限制，为评标工作的顺利进行提供了人员素质保证。

（2）熟悉有关招标投标的法律法规

根据《评标委员会和评标方法暂行规定》的规定，评标专家应熟悉有关招标投标的法律法规，并具有与招标项目相关的实践经验。

（3）能够认真、公正、诚实、廉洁地履行职责

《评标委员会和评标方法暂行规定》《评标专家和评标专家库管理暂行办法》均规定，评标专家应能够认真、公正、诚实、廉洁地履行职责。《政府采购评审专家管理办法》规定，评标专家应具有良好的职业道德，廉洁自律，遵纪守法，无行贿、受贿、欺诈等不良信用记录。

（4）身体健康，能够承担评标工作

评标专家应具有能够胜任评标工作的健康条件。《评标专家和评标专家库管理暂行办法》第七条规定，入选评标专家库的专家应身体健康，能够承担评标工作。《政府采购评审专家管理办法》规定，评标专家应不满七十周岁，身体健康，能够承担评审工作。

**2. 评标专家的选择**

（1）选择评标专家的原则

评标专家应由招标人在相关专家库名单中确定。

① 政府投资项目的评标专家，必须从政府或者政府有关部门组建的评标专家库中抽取。

② 房屋建筑和市政基础设施工程施工招标项目，评标委员会的专家成员，应当由招标人从评标专家库内相关专业的专家名单中以随机抽取方式确定。

③ 商务部负责组建和管理机电产品国际招标评标专家库。机电产品国际招标评标所需专家原则上由招标人或招标机构在招标网上从国家、地方两级专家库内相关专业类别中采用随机抽取的方式产生。

④ 对于政府采购项目，采购人或者采购代理机构应当从省级以上财政部门设立的政府采购评审专家库中，通过随机方式抽取评审专家。对技术复杂、专业性强的采购项目，通过随机方式难以确定合适的评审专家的，经主管预算单位同意，采购人可以自行选定相应专业领域的评审专家。

（2）一般招标项目的选择方式和程序

一般应采取随机抽取方式选择评标专家。《机电产品国际招标投标实施办法（试行）》第五十一条规定了以下内容。

① 依法必须进行招标的项目，机电产品国际招标评标所需专家原则上由招标人或招标机构在招标网上从国家、地方两级专家库内的相关专业类别中采用随机抽取的方式产生。

② 任何单位和个人不得以明示、暗示等任何方式指定或者变相指定参加评标委员会的专家成员。但对于技术复杂、专业性强或者国家有特殊要求，采取随机抽取方式确定的专家难以保证其胜任评标工作的特殊招标项目，报相应主管部门后，可以由招标人直接确定评标专家。

③ 抽取评标所需的评标专家的时间不得早于开标时间三个工作日；同一项目评标中，来自同一法人单位的评标专家不得超过评标委员会总人数的三分之一。

④ 随机抽取专家人数为实际所需专家人数。一次招标金额在1000万美元以上的国际招标项目，所需专家的二分之一以上应当从国家级专家库中抽取。

⑤ 抽取工作应当使用招标网评标专家随机抽取自动通知系统。除专家不能参加和应当回避的情形外，不得废弃随机抽取的专家。

（3）特殊招标项目选择的方式和程序

① 依法必须招标的项目。技术特别复杂、专业性要求特别高或者国家有特殊要求的招标项目，采取随机抽取方式确定的专家难以胜任的，可以由招标人在相关专家名单中直接

确定。

② 政府采购项目。《政府采购评审专家管理办法》第十二条和第十三条规定:“评审专家库中相关专家数量不能保证随机抽取需要的，采购人或者采购代理机构可以推荐符合条件的人员，经审核选聘入库后再随机抽取使用。技术复杂、专业性强的采购项目，通过随机方式难以确定合适评审专家的，经主管预算单位同意，采购人可以自行选定相应专业领域的评审专家。自行选定评审专家的，应当优先选择本单位以外的评审专家。”《政府采购货物和服务招标投标管理办法》第四十八条规定:“对技术复杂、专业性强的采购项目，通过随机方式难以确定合适评审专家的，经主管预算单位同意，采购人可以自行选定相应专业领域的评审专家。”

（4）评标委员会的专家名单在中标结果确定前应当保密

凡是进入评标委员会的专家，不论是专家成员，还是招标人、招标代理机构的代表，其名单在中标结果确定前均应保密。

## 3.8.2 评标委员会

**1. 评标委员会的组成**

评标委员会独立评标，是我国招标投标活动中重要的法律制度。评标委员会不是常设机构，是在每个具体的招标投标项目中临时依法组建的。招标人是负责组建评标委员会的主体。实际招标投标活动中，也有招标人委托其招标代理机构承办组建评标委员会的情况。《评标委员会和评标方法暂行规定》第九条规定，依法必须招标的项目，评标委员会由招标人或其委托的招标代理机构熟悉相关业务的代表，以及有关技术、经济等方面的专家组成。

（1）招标人的代表

招标人的代表，可以是招标人本单位的代表，也可以是委托招标的招标代理机构代表。对于政府采购的货物和服务招标项目，《政府采购货物和服务招标投标管理办法》第四十七条规定，采购代理机构工作人员不得参加由本机构代理的政府采购项目的评标。

（2）有关技术、经济等方面专家

由于评标是一种复杂的专业性活动，非专业人员无法对投标文件进行评审和比较。所以，依法必须招标的项目，评标委员会中还应有有关技术、经济等方面的专家，且比例不得少于成员总数的三分之二。《政府采购货物和服务招标投标管理办法》第四十七条明确规定，评审专家对本单位的采购项目只能作为采购人代表参与评标。

（3）评标委员会人数为五人以上的单数

关于招标投标的部门规章对评标委员会及相关方面的专家成员的人数规定，不尽相同。例如：

①《机电产品国际招标投标实施办法（试行）》第五十条规定，评标委员会由招标人的代表和从事相关领域工作满八年并具有高级职称或者具有同等专业水平的技术、经济等相关领域专家组成，成员人数为五人以上单数，其中技术、经济等方面的专家人数不得少于成员总数的三分之二。

② 评标委员会的成员享有同等表决权。评标委员会由不同的成员组成，每个成员在评标中的权利平等。任何专家成员不能因其属于相关专业领域的专家，而享有更多的表决权；招标人或招标代理机构的代表成员，与专家成员具有同等权利。如果根据工作需要，在评标

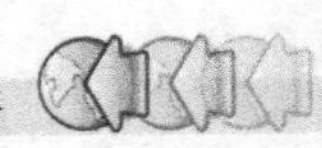

委员会中安排了评标委员会主任等负责人，该负责人也不能在表决中享有较其他成员更大的权利。《评标委员会和评标方法暂行规定》第九条明确规定，评标委员会设负责人的，评标委员会负责人由评标委员会成员推举产生或者由招标人确定。评标委员会负责人与评标委员会的其他成员有同等的表决权。

③ 《政府采购货物和服务招标投标管理办法》第四十七条规定，评标委员会由采购人代表和评审专家组成，成员人数应当为五人以上单数，其中评审专家不得少于成员总数的三分之二。采购项目符合下列情形之一的，评标委员会成员人数应当为七人以上单数：采购预算金额在 1000 万元以上；技术复杂；社会影响较大。

**2. 评标委员会成员的权利和义务**

《招标投标法》第四十条规定，评标委员会应当按照招标文件确定的评标标准和方法，对投标文件进行评审和比较；设有标底的，应当参考标底。评标委员会完成评标后，应当向招标人出示书面评标报告，并推荐合格的中标候选人。招标人根据评标委员会出示的书面评标报告和推荐的中标候选人确定中标人。招标人也可以授权评标委员会直接确定中标人。国务院对特定招标项目的评标有特别规定的，从其规定。《招标投标法实施条例》第四十九条规定，评标委员会成员应当依照《招标投标法》和本条例的规定，按照招标文件规定的评标标准和方法，客观、公正地对投标文件提出评审意见。招标文件没有规定的评标标准和方法不得作为评标的依据。

评标委员会是一个由评标委员会成员组成的临时权威机构。评标委员会的法定权利和义务，不能当然地等同于其成员个人的权利义务，但是需要其每个成员在评标活动中通过其个人行为实现。所以评标委员会成员的权利和义务，直接与评标委员会的法定权利和义务相关联，包括一系列明示及默示的内容。《评标专家和评标专家库管理暂行办法》《评标委员会和评标方法暂行规定》《机电产品国际招标投标实施办法（试行）》《政府采购货物和服务招标投标管理办法》《政府采购评审专家管理办法》均对评标委员会成员，特别是评标专家的权利和义务做出了具体规定。

（1）依法必须招标项目

按照《评标专家和评标专家库管理暂行办法》规定，评标专家享有下列权利。

① 接受招标人或其招标代理机构聘请，担任评标委员会成员。

② 依法对投标文件进行独立评审，提出评审意见，不受任何单位或者个人的干预。

③ 接受参加评标活动的劳务报酬。

④ 法律、行政法规规定的其他权利。

评标专家负有下列义务。

① 按照《招标投标法》第三十七条和《评标委员会和评标方法暂行规定》第十二条规定的情形之一的，应当主动提出回避。

② 遵守评标工作纪律，不得私下接触投标人，不得收受他人的财物或者其他好处，不得透露对投标文件的评审和比较、中标候选人的推荐情况及与评标有关的其他情况。

③ 客观公正地进行评标。

④ 协助、配合有关行政监督部门的监督、检查。

⑤ 法律、行政法规规定的其他义务。

（2）机电产品国际招标项目

与投标人或其制造商有利害关系的人不得进入相关项目的评标委员会，评标专家不得参

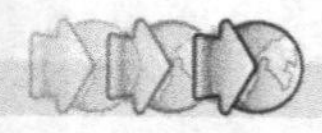


加与自己有利害关系的项目评标，且应当主动回避；已经进入的应当更换。主管部门的工作人员不得担任本机构负责监督项目的评标委员会成员。

（3）政府采购项目

按照《政府采购货物和服务招标投标管理办法》规定，评标委员会负责具体评标事务，并独立履行下列职责。

① 审查、评价投标文件是否符合招标文件的商务、技术等实质性要求。

② 要求投标人对投标文件有关事项做出澄清或者说明。

③ 对投标文件进行比较和评价。

④ 确定中标候选人名单，以及根据采购人委托直接确定中标人。

⑤ 向采购人、采购代理机构或者有关部门报告评标中发现的违法行为。

**3. 不得担任评标委员会成员的情况**

《招标投标法》第三十七条规定，与投标人有利害关系的人不得进入相关项目的评标委员会；已经进入的应当更换。《招标投标法实施条例》第四十六条规定，评标委员会成员与投标人有利害关系的应当主动回避。行政监督部门的工作人员不得担任本部门负责监督的评标委员会成员。

根据《评标委员会和评标方法暂行规定》的规定，有下列情形之一的，不得担任评标委员会成员。

（1）投标人或者投标人主要负责人的近亲属。

（2）项目主管部门或者行政监督部门的人员。

（3）与投标人有经济利益关系，可能影响对投标公正评审的。

（4）曾在招标、评标以及其他与招标投标有关活动中从事违法行为而受过行政处罚或刑事处罚的。

评标委员会成员有前款规定情形之一的，应当主动提出回避。

## 3.8.3 评标方法

**1. 工程建设项目评标方法**

根据《评标委员会和评标方法暂行规定》《工程建设项目施工招标投标办法》《工程建设项目货物招标投标办法》等规定，评标方法分为经评审的最低投标价法、综合评估法及法律法规允许的其他评标方法。

（1）经评审的最低投标价法

经评审的最低投标价法，能够满足招标文件的实质性要求，并且经评审的最低投标价的投标，应当推荐为中标候选人。

经评审的最低投标价法一般适用于具有通用技术、性能标准或者招标人对其技术、性能没有特殊要求的招标项目。对于工程建设项目货物招标项目，根据《工程建设项目货物招标投标办法》规定，技术简单或技术规格、性能、制作工艺要求统一的货物，一般采用经评审的最低投标价法进行评标。技术复杂或技术规格、性能、制作工艺要求难以统一的货物，一般采用综合评估法进行评标。

（2）综合评估法

综合评估法，最大限度地满足招标文件中规定的各项综合评价标准的投标，应当推荐为

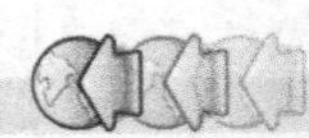

中标候选人。

工程建设项目勘察设计招标项目，根据《工程建设项目勘察设计招标投标办法》规定，一般应采取综合评估法。

衡量投标文件是否最大限度地满足招标文件中规定的各项评价标准，可以采取折算为货币或分值的方法。需量化的因素及其权重应当在招标文件中明确规定。评标委员会对各个评审因素进行量化时，应当将量化指标建立在同一基础或者同一标准上，使各投标文件具有可比性。对技术部分和商务部分进行量化后，计算出每一投标的综合评估价或者综合评估分。

（3）其他方法

《评标委员会和评标方法暂行规定》规定，评标方法还包括法律、行政法规允许的其他评标方法。事实上，对专业性较强的招标项目，相关行政监督部门也规定了其他评标方法。招标人在实际招标项目操作中应注意结合使用。

**2. 机电产品国际招标项目评标方法**

根据《机电产品国际招标投标实施办法（试行）》《机电产品国际招标综合评价法实施规范（试行）》及《重大装备自主化依托工程设备招标采购活动的有关规定》的规定，评标方法分为最低评标价法和综合评价法。

（1）最低评标价法

采用该方法评标，在商务、技术条款均满足招标文件要求时，评标价格最低者为推荐中标人。

机电产品国际招标一般采用最低评标价法进行评标。

采用最低评标价法评标的，评标依据中应当包括：一般商务和技术条款（参数）在允许偏离范围和条款数内进行评标价格调整的计算方法，每个一般技术条款（参数）的偏离加价一般为该设备投标价格的 0.5%，最高不得超过该设备投标价格的 1%，投标文件中没有单独列出该设备分项报价的，评标价格调整时按投标总价计算；交货期、付款条件等商务条款的偏离加价计算方法在招标文件中可以另行规定。

（2）综合评价法

采用综合评价法评标的，综合得分最高者为推荐中标人。综合评价法适用于技术含量高、工艺或技术方案复杂的大型或成套设备招标项目。重大装备自主化依托工程设备招标项目，一般采用综合评价法进行评标。

① 综合评价法，是指在投标满足招标文件实质性要求的前提下，按照招标文件中规定的各项评价因素和方法对投标进行综合评价后，按投标人综合评价的结果由优到劣的顺序确定中标候选人的评标方法。

② 综合评价法应当由评价内容、评价标准、评价程序及推荐中标候选人原则等组成。综合评价法应当根据招标项目的具体需求，设定商务、技术、价格、服务及其他评价内容的标准，并对每一项评价内容赋予相应的权重。

③ 采用综合评价法的，应当集中列明招标文件中所有加注星号（“*”）的重要条款（参数）。

④ 采用综合评价法评标时，按下列原则进行。

评标办法应当充分考虑每个评价指标所有可能的投标响应，且每一种可能的投标响应应当对应一个明确的评价值，不得对应多个评价值或评价值区间，采用两步评价方法的除外；对于总体设计、总体方案等难以量化比较的评价内容，可以采取两步评价方法：第一步，评

标委员会成员独立确定投标人该项评价内容的优劣等级，对优劣等级对应的评价值进行算术平均后确定该投标人该项评价内容的平均等级；第二步，评标委员会成员根据投标人的平均等级，在对应的分值区间内给出评价值；价格评价应当符合低价优先、经济节约的原则，并明确规定评议价格最低的有效投标人将获得价格评价的最高评价值，价格评价的最大可能评价值和最小可能评价值应当分别为价格最高评价值和零评价值。评标委员会应当根据综合评价值对各投标人进行排名。综合评价值相同的，依照价格、技术、商务、服务及其他评价内容的优先次序，根据分项评价值进行排名。

**3. 政府采购项目评标方法**

根据《政府采购货物和服务招标投标管理办法》，评标方法分为最低评标价法和综合评分法。

（1）最低评标价法

最低评标价法，是指投标文件满足招标文件全部实质性要求，且投标报价最低的投标人为中标候选人的评标方法。技术、服务等标准统一的货物服务项目，应当采用最低评标价法。采用最低评标价法评标时，除了算术修正和落实政府采购政策需进行的价格扣除外，不能对投标人的投标价格进行任何调整。

（2）综合评分法

综合评分法，是指投标文件满足招标文件全部实质性要求，且按照评审因素的量化指标评审得分最高的投标人为中标候选人的评标方法。

评审因素的设定应当与投标人所提供货物服务的质量相关，包括投标报价、技术或者服务水平、履约能力、售后服务等。资格条件不得作为评审因素。评审因素应当在招标文件中规定。

评审因素应当细化和量化，且与相应的商务条件和采购需求对应。商务条件和采购需求指标有区间规定的，评审因素应当量化到相应区间，并设置各区间对应的不同分值。

评标时，评标委员会各成员应当独立对每个投标人的投标文件进行评价，并汇总每个投标人的得分。

货物项目的价格分值占总分值的比重不得低于 30%；服务项目的价格分值占总分值的比重不得低于 10%。执行国家统一定价标准和采用固定价格采购的项目，其价格不列为评审因素。

价格分应当采用低价优先法计算，即满足招标文件要求且投标价格最低的投标报价为评标基准价，其价格分为满分。其他投标人的价格分统一按照下列公式计算：

投标报价得分=（评标基准价 / 投标报价）×100

评标总得分＝$F_1 \times A_1 + F_2 \times A_2 + \cdots + F_n \times A_n$

$F_1$、$F_2$、…、$F_n$ 分别为各项评审因素的得分；

$A_1$、$A_2$、…、$A_n$ 分别为各项评审因素所占的权重（$A_1 + A_2 + \cdots + A_n = 1$）。

评标过程中，不得去掉报价中的最高报价和最低报价。

因落实政府采购政策进行价格调整的，以调整后的价格计算评标基准价和投标报价。

需要注意，《政府采购促进中小企业发展暂行办法》（财库〔2011〕181 号）规定，对于非专门面向中小企业的项目，采购人或者采购代理机构应当在招标文件或者谈判文件、询价文件中做出规定，对小型和微型企业产品的价格给予 6%～10%的扣除，用扣除后的价格参与评审，具体扣除比例由采购人或者采购代理机构确定。对于大中型企业和其他自然

人、法人或者其他组织与小型、微型企业组成联合体共同参加非专门面向中小企业的政府采购活动的，联合协议中约定，小型、微型企业的协议合同金额占到联合体协议合同总金额 30%以上的，可给予联合体 2%～3%的价格扣除。中小企业划型标准执行《中小企业划型标准规定》。

## 3.8.4 评标程序

评标程序，是评标委员依据招标文件确定的评标方法和具体评标标准，对开标中所有拆封并唱标的投标文件，进行审核、评价、比较对招标文件要求的响应情况的步骤。按照《招标投标法实施条例》第四十八条的规定，招标人应当向评标委员会提供评标所必需的信息，但不得明示及暗示其倾向或者排斥特定的投标人。招标人应当根据项目规模和技术复杂程度等因素合理确定评标时间，超过三分之一的评标委员会成员认为评标时间不够的，招标人应当适当延长。第五十条规定，招标项目设有标底的，招标人应当在开标时公布。标底只能作为评标的参考，不得以投标报价是否接近标底作为中标条件，也不得以投标报价超过标底的上下浮动范围作为否决投标的条件。

根据《评标委员会和评标方法暂行规定》的规定，投标文件评审包括评标的准备、初步评审、详细评审、提交评标报告和推荐中标候选人。在初步评审和详细评审过程中，评审委员会在需要时可以要求对招标文件做澄清或说明。

**1. 评标的准备**

首先，评标委员会成员应当编制供评标使用的相应表格，认真研究招标文件，至少应了解和熟悉招标的目标，招标项目的范围和性质，招标文件中规定的主要技术要求、标准和商务条款，招标文件规定的评标标准、评标方法和在评标过程中考虑的相关因素。

其次，招标人或者其委托的招标代理机构应当向评标委员会提供评标所需的重要信息和数据。

**2. 初步评审**

（1）评标委员会应当按照投标报价的高低或者招标文件规定的其他方法对投标文件排序。以多种货币报价的，应当按照中国银行在开标日公布的汇率中间价换算成人民币。招标文件应当对汇率标准和汇率风险做出说明。未做说明的，汇率风险由投标人承担。

（2）评标委员会可以书面方式要求投标人对投标文件中含义不明确、对同类问题表述不一致或者有明显文字和计算错误的内容做必要的澄清、说明或者补正。澄清、说明或者补正应以书面方式进行，并不得超出投标文件的范围或者改变投标文件的实质性内容。投标文件中的大写金额和小写金额不一致的，以大写金额为准；总价金额与单价金额不一致的，以单价金额为准，但单价金额小数点有明显错误的除外；对不同文字文本投标文件的解释发生异议的，以中文文本为准。在评标过程中，评标委员会发现投标人的报价明显低于其他投标报价或者在设有标底时明显低于标底，使得其投标报价可能低于其个别成本的，应当要求该投标人做出书面说明并提供相关证明材料。

（3）评标委员会应当根据招标文件审查并逐项列出投标文件的全部投标偏差。投标偏差分为重大偏差和细微偏差。除非招标文件另有规定，对重大偏差应作废标处理。细微偏差是指投标文件在实质上响应招标文件要求，但在个别地方存在漏项或者提供了不完整的技术信息和数据等情况，并且补正这些遗漏或者不完整不会对其他投标人造成不公平的结果。细微

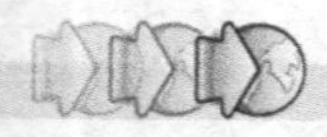


偏差不影响投标文件的有效性。评标委员会应当书面要求存在细微偏差的投标人在评标结束前予以补正。拒不补正的，在详细评审时可以对细微偏差做不利于该投标人的量化，量化标准应当在招标文件中规定。

**3. 澄清**

《招标投标法》第三十九条规定："评标委员会可以要求投标人对投标文件中含义不明确的内容做必要的澄清或者说明，但是澄清或者说明不得超出投标文件的范围或者改变投标文件的实质性内容。"

评标过程中，评标委员会视投标文件情况，在需要时可以要求投标文件做澄清或者说明。通常，澄清应注意几个问题。

（1）澄清是投标人应评标委员会的要求做出的。只有评标委员会能够启动澄清程序。其他相关主体，不论是招标人、招标代理机构，还是行政监督部门，均无权启动澄清。在政府采购货物和服务招标项目中，评标委员会专家应签字提出澄清要求。一旦评标委员会要求，投标人应相应地进行澄清和说明，否则，将自行承担不利的后果。

（2）评标委员会只有在出现法定状况时才能要求澄清。根据《招标投标法实施条例》第五十二条规定：投标文件中有含义不明确、明显文字或者计算错误的，评标委员会认为需要投标人做出必要澄清、说明的情形。根据《评标委员会和评标方法暂行规定》的规定，增加了投标人的报价明显低于其他投标报价或者在设有标底时明显低于标底，使得其投标报价可能低于其个别成本的情形。

（3）评标委员会的澄清要求不得违法。评标委员会仅能够依法对符合法定状况的投标文件提出澄清要求，不得提出带有暗示性或者诱导性的问题，或者向投标人明确其投标文件中的遗漏和错误，更不能以澄清之名要求对实质性偏差进行澄清或者后补。

（4）投标人的澄清不得超出投标文件的范围或者改变投标文件的实质性内容。第一，投标人只能针对评标委员会的要求进行澄清、说明或者补正，不能超出评标委员会的要求。第二，澄清、说明或者补正的内容不得超出投标文件的范围，不能提出在投标文件中没有的新的投标内容。第三，即便在投标文件范围内，也不能改变投标文件的实质性内容。所以，《工程建设项目施工招标投标办法》明确规定，投标文件不响应招标文件的实质性要求和条件的，招标人应当拒绝，并不允许投标人通过修正或撤销其不符合要求的差异或保留，使之成为具有响应性的投标。

（5）澄清应当以书面方式进行。评标委员会应以书面方式提出澄清要求，投标人也应以书面方式提供澄清、说明或者补正，通常投标人和评标委员会不得借澄清进行当面交流。

**4. 详细评审**

经初步评审合格的投标文件，评标委员会应当根据招标文件确定的评标标准和方法，对其技术部分和商务部分做进一步评审、比较。

采用经评审的最低投标价法的，评标委员会应当根据招标文件中规定的评标价格调整方法，对所有投标人的投标报价以及投标文件的商务部分做必要的价格调整；中标人的投标应当符合招标文件规定的技术要求和标准，但评标委员会无须对投标文件的技术部分进行价格折算。根据经评审的最低投标价法完成详细评审后，评标委员会应当拟定一份"标价比较表"，连同书面评标报告提交招标人。"标价比较表"应当载明投标人的投标报价、对商务偏差的价格调整和说明，以及经评审的最终投标价。

采用综合评估法评标的，评标委员会对各个评审因素进行量化时，应当将量化指标建立

在同一基础或者同一标准上，使各投标文件具有可比性。对技术部分和商务部分进行量化后，评标委员会应当对这两部分的量化结果进行加权，计算出每一投标的综合评估价或者综合评估分。根据综合评估法完成评标后，评标委员会应当拟定一份“综合评估比较表”，连同书面评标报告提交招标人。“综合评估比较表”应当载明投标人的投标报价、所做的任何修正、对商务偏差的调整、对技术偏差的调整、对各评审因素的评估，以及对每一投标的最终评审结果。

此外，根据招标文件的规定，允许投标人投备选标的，评标委员会可以对中标人所投的备选标进行评审，以决定是否采纳备选标。不符合中标条件的投标人的备选标不予考虑。

对于划分了多个单项合同的招标项目，招标文件允许投标人为获得整个项目合同而提出优惠，评标委员会可以对投标人提出的优惠进行审查，以决定是否将招标项目作为一个整体合同授予中标人。将招标项目作为一个整体合同授予的，整体合同中标人的投标应当最有利于招标人。

评标和定标应当在投标有效期结束日的三十个工作日前完成。不能在投标有效期结束日三十个工作日前完成评标和定标的，招标人应当通知所有投标人延长投标有效期。拒绝延长投标有效期的投标人有权收回投标保证金。同意延长投标有效期的投标人应当相应延长其投标担保的有效期，但不得修改投标文件的实质性内容。因延长投标有效期造成投标人损失的，招标人应当给予补偿，但因不可抗力需延长投标有效期的除外。招标文件应当载明投标有效期。投标有效期从提交投标文件截止日起计算。

如果评标委员会在评标过程中发现问题，应当及时做出处理或者向招标人提出处理建议，并做书面记录。

**5. 提交评标报告和推荐中标候选人**

每个招标项目评标程序的最后环节，都是由评标委员会签署并向招标人提交评标报告，推荐中标候选人。有的招标项目，评标委员会还可以根据招标人的授权，直接按照评标结果确定中标人。

## 3.8.5　否决投标和重新招标

**1. 否决投标**

按照《招标投标法实施条例》第五十一条的规定，有下列情形之一的，应当否决其投标。

（1）投标文件未经投标单位盖章和单位负责人签字。

（2）投标联合体没有提交共同投标协议。

（3）投标人不符合国家或者招标文件规定的资格条件。

（4）同一投标人提交两个以上不同的招标文件或者投标报价，但招标文件要求备选投标的除外。

（5）投标报价低于成本或者高于招标文件设定的最高投标限价。

（6）投标文件没有对招标文件的实际性要求和条件做出响应。

（7）投标人有串通投标、弄虚作假、行贿等违法行为。

否决投标应注意几个问题。第一，除非法律有特别规定，废标是评标委员会依法做出的处理决定。其他相关主体，如招标人或招标代理机构，无权对投标做废标处理。第二，废标应符合法定条件。评标委员会不得任意废标，只能依据法律规定及招标文件的明确要求对投标进行审查，决定是否应予废标。第三，被进行废标处理的投标，不再参加投标文件的评审，也完全丧失中标的机会。相关部门规章规定了具体的废标情况和条件。

(1)《评标委员会和评标方法暂行规定》规定的情况

① 在评标过程中，评标委员会发现投标人以他人的名义投标、串通投标、以行贿手段谋取中标或者以其他弄虚作假的方式投标的，该投标人的投标应做废标处理。

② 在评标过程中，评标委员会发现投标人的报价明显低于其他投标报价或者在设有标底时明显低于标底，使得其投标报价可能低于其个别成本的，应当要求该投标人做出书面说明并提供相关证明材料。投标人不能合理说明或者不能提供相关证明材料的，由评标委员会认定该投标人以低于成本报价竞标，其投标应做废标处理。

③ 投标人的资格条件不符合国家有关规定和招标文件要求的，或者拒不按照要求对投标文件进行澄清、说明或者补正的，评标委员会可以否决其投标。

④ 未能在实质上响应招标文件要求的投标，应做废标处理。投标文件有下列情况之一的，属于未能对招标文件做出实质性响应的重大偏差。

a. 没有按照招标文件要求提供投标担保或者所提供的投标担保有瑕疵。

b. 投标文件没有投标人授权代表签字和加盖公章。

c. 投标文件载明的招标项目完成期限超过招标文件规定的期限。

d. 明显不符合技术规格、技术标准的要求。

e. 投标文件载明的货物包装方式、检验标准和方法等不符合招标文件的要求。

f. 投标文件附有招标人不能接受的条件。

g. 不符合招标文件中规定的其他实质性要求。

(2)《工程建设项目勘察设计招标投标办法》规定的情况

① 投标文件有下列情况之一的，应做废标处理或被否决。

a. 未经投标单位盖章和单位负责人签字。

b. 投标报价不符合国家颁布的勘察设计取费标准，或者低于成本，或者高于招标文件设定的最高投标限价。

c. 未响应招标文件的实质性要求和条件。

d. 以联合体形式投标，未向招标人提交共同投标协议的。

② 投标人有下列情况之一的，其投标应做废标处理或被否决。

a. 不符合国家或者招标文件规定的资格条件。

b. 与其他投标人或者与招标人串通投标。

c. 以他人名义投标，或者以其他方式弄虚作假。

d. 以向招标人或者评标委员会成员行贿的手段谋取中标的。

e. 以联合体形式投标，未提交共同投标协议。

f. 提交两个以上不同的投标文件或者投标报价，但招标文件要求提交备选投标的除外。

(3)《工程建设项目施工招标投标办法》《工程建设项目货物招标投标办法》规定的情形

投标文件有下列情形之一的，评标委员会应当否决其投标。

① 投标文件未经投标单位盖章和单位负责人签字。

② 投标联合体没有提交共同投标协议。

③ 投标人不符合国家或者招标文件规定的资格条件。

④ 同一投标人提交两个不同的投标文件或者投标报价，但招标文件要求提交备选投标

的除外。

⑤ 投标报价低于成本或者高于招标文件设定的最高投标限价。

⑥ 投标文件没有对招标文件的实质性要求和条件做出响应。

⑦ 投标人有串通、弄虚作假、行贿等违法行为。

对投标文件不响应实质性要求和条件的，评标委员会应当做废标处理，并不允许投标人通过修正或撤销其不符合要求的差异或保留，使之成为具有响应性的投标。

(4)《机电产品国际招标投标实施办法（试行）》和《进一步规范机电产品国际招标投标活动有关规定》(商产发〔2007〕395 号）规定的情形

① 在商务评议过程中，有下列情形之一者，应予否决投标。

a．投标人或其制造商与招标人有利害关系，可能影响招标公正性的。

b．投标人项目前期咨询过或参与招标文件编制的。

c．不同投标人单位负责人为同一人或者存在控股、管理关系的。

d．投标文件未按招标文件的要求签署的。

e．投标联合体没有提交共同投标协议的。

f．投标人的投标书、资格证明材料未提供，或不符合国家规定及招标文件要求的。

g．同一投标人提交两个以上不同的投标方案或者投标报价，但招标文件要求提交备选方案的除外。

h．投标人未按招标文件要求提交投标保证金或保证金金额不足、保函有效期不足、投标保证金形式或出具投标保函的银行不符合招标文件要求的。

i．投标文件不满足招标文件加注星号（“*”）的重要商务条款要求的。

j．投标报价高于招标文件设定的最高投标限价的。

k．投标有效期不足的。

l．投标人有串通投标、弄虚作假、行贿等违法行为的。

m．存在招标文件中规定的否决投标的其他商务条款的。

前款所列材料在开标后不得澄清、后补；招标文件要求提供原件的，应当提供原件，否则将否决其投标。

② 技术评标过程中，有下列情况之一者，应予废标。

a．投标文件不满足招标文件技术规格中加注星号（“*”）的重要条款（参数）要求，或加注星号（“*”）的重要条款（参数）无符合招标文件要求的技术资料支持的。

b．投标文件技术规格中的一般参数超出允许偏离的最大范围或最多项数的。

c．投标文件技术规格中的响应与事实不符或虚假投标的。

d．投标人复制招标文件的技术规格相关部分内容来作为其投标文件中一部分的。

e．存在招标文件中规定的否决投标的其他技术条款的。

(5)《政府采购货物和服务招标投标管理办法》规定的情形

投标人存在下列情况之一的，投标无效。

① 未按照招标文件的规定提交投标保证金的。

② 投标文件未按招标文件要求签署、盖章的。

③ 不具备招标文件中规定的资格要求的。

④ 报价超过招标文件中规定的预算金额或者最高限价的。

⑤ 投标文件含有采购人不能接受的附加条件的。

⑥ 法律、法规和招标文件规定的其他无效情形。

**2. 否决所有投标**

《招标投标法》第四十二条规定："评标委员会经评审，认为所有投标都不符合招标文件要求的，可以否决所有投标。"《评标委员会和评标方法暂行规定》规定：评标委员会否决不合格投标或者界定为废标后，因有效投标不足三个使得投标明显缺乏竞争的，评标委员会可以否决全部投标。《政府采购法》将否决所有投标称为"废标"。

从上述规定可以看出，否决所有投标包括两种情况。一是所有的投标都不符合招标文件要求，因每个投标均被界定为废标、被认为无效或不合格，所以，评标委员会否决了所有的投标。二是部分投标被界定为废标、被认为无效或不合格之后，仅剩余不足三个的有效投标，使得投标明显缺乏竞争，违反了招标采购的根本目的，所以，评标委员会可以否决全部投标。

对于个体投标人而言，不论其投标是否合格有效，都可能发生所有投标被否决的风险，即投标符合法律和招标文件要求，但结果是无法中标。对于招标人而言，上述两种情况下，结果都是相同的，即所有的投标被依法否决。

《政府采购法》第三十六条规定，在招标采购中，出现下列情形之一的，应予废标。

（1）符合专业条件的供应商或者对招标文件做实质性响应的供应商不足三家的。

（2）出现影响采购公正的违法、违规行为的。

（3）投标人的报价均超过了采购预算，采购人不能支付的。

（4）因重大变故，采购任务取消的。

废标后，采购人应当将废标理由通知所有投标人。

**3. 重新招标**

《招标投标法》第二十八条规定："投标人少于三个的，招标人应当依照本法重新招标。"第四十二条规定："依法必须进行招标的项目的所有投标被否决的，招标人应当依照本法重新招标。"

重新招标，是一个招标项目发生法定情况下无法继续进行评标、推荐中标候选人，当次招标结束后，如何开展项目采购的一种选择。所谓法定情况，包括于投标截止时间到达时投标人少于三个、评标中所有投标被否决或其他法定情况。

（1）《招标投标法实施条例》规定重新招标的情形

① 通过资格预审的申请人少于三个的。

② 招标人编制的资格预审文件、招标文件的内容违反法律、行政法规的强制性规定，违反公开、公平、公正和诚实信用原则，影响资格预审结果或者潜在投标人投标的，依法必须进行招标的项目的招标人应当在修改资格预审文件或者招标文件后重新招标。

③ 投标人少于三个的不得开标，招标人应当重新招标。

④ 国有资金占控股或者主导地位的依法必须进行招标的项目，招标人应当确定排名第一的中标候选人为中标人。排名第一的中标候选人放弃中标、因不可抗力不能履行合同、不按照招标文件要求提交履约保证金，或者被查实存在影响中标结果的违法行为等情形，不符合中标条件的，招标人可以按照评标委员会提出的中标候选人名单排序依次确定其他中标候选人为中标人，也可以重新招标。

⑤ 依法必须进行招标的项目的招标投标活动违反招标投标法和本条例的规定，对中标结果造成实质性影响，且不能采取补救措施予以纠正的，招标、投标、中标无效，应当依法

重新招标或者评标。

（2）《评标委员会和评标方法暂行规定》中规定的重新招标情形

《评标委员会和评标方法暂行规定》第二十七条规定：“投标人少于三个或者所有投标被否决的，招标人应当依法重新招标。”

（3）《工程建设项目勘察设计招标投标办法》中规定的重新招标情形

《工程建设项目勘察设计招标投标办法》第四十八条规定：在下列情况下，招标人应当依照本办法重新招标。

① 资格预审合格的潜在投标人不足三个的。

② 在投标截止时间前提交投标文件的投标人少于三个的。

③ 所有投标均被否决的。

④ 评标委员会否决不合格投标后，因有效投标不足三个使得投标明显缺乏竞争，评标委员会决定否决全部投标的。

⑤ 根据第四十六条规定，同意延长投标有效期的投标人少于三个的。

（4）《工程建设项目货物招标投标办法》有以下条文规定了重新招标的情况

① 第二十条规定：经资格预审后，招标人应当向资格预审合格的潜在投标人发出资格预审合格通知书，告知获取招标文件的时间、地点和方法，并同时向资格预审不合格的潜在投标人告知资格预审结果。依法必须招标的项目通过资格预审的申请人不足三个的，招标人在分析招标失败的原因并采取相应措施后，应当重新招标。

② 第二十八条规定：依法必须进行招标的项目同意延长投标有效期的投标人少于三个的，招标人在分析招标失败的原因并采取相应措施后，应当重新招标。

③ 第三十四条规定：依法必须进行招标的项目，提交投标文件的投标人少于三个的，招标人在分析招标失败的原因并采取相应措施后，应当重新招标。重新招标后投标人仍少于三个，按国家有关规定需要履行审批、核准手续的依法必须进行招标的项目，报项目审批、核准部门审批、核准后可以不再进行招标。

④ 第四十一条规定：依法必须招标的项目评标委员会否决所有投标的，或者评标委员会否决一部分投标后其他有效投标不足三个，使得投标明显缺乏竞争，决定否决全部投标的，招标人在分析招标失败的原因并采取相应措施后，应当重新招标。

⑤ 第四十八条规定：国有资金占控股或者主导地位的依法必须进行招标的项目，招标人应当确定排名第一的中标候选人为中标人。排名第一的中标候选人放弃中标、因不可抗力不能履行合同、不按照招标文件要求提交履约保证金，或者被查实存在影响中标结果的违法行为等情形，不符合中标条件的，招标人可以按照评标委员会提出的中标候选人名单排序依次确定其他中标候选人为中标人。依次确定的其他中标候选人与招标人预期差距较大，或者对招标人明显不利的，招标人可以重新招标。

（5）《机电产品国际招标投标实施办法（试行）》规定了两类重新招标的情况

① 第二十七条规定：招标公告规定未领购招标文件不得参加投标，招标文件发售期截止后，购买招标文件的潜在投标人少于三个的，招标人可以依照本办法重新招标。

② 第三十七条规定：招标人编制的资格预审文件、招标文件的内容违反法律、行政法规的强制性规定，违反公开、公平、公正和诚实信用原则，影响资格预审结果或者潜在投标人投标的，依法必须进行招标的项目的招标人应当在修改资格预审文件或者招标文件后重新招标。

③ 第四十六条规定：投标人少于三个的，不得开标，招标人应当依照本办法重新招标；开标后认定投标人少于三个的应当停止评标，招标人应当依照本办法重新招标。重新招标后投标人仍少于三个的，可以进入两家或一家开标评标流程；按国家有关规定需要履行审批、核准手续的依法必须进行招标的项目，报项目审批、核准部门审批、核准后可以不再进行招标。

认定投标人数量时，两家以上投标人的投标产品为同一家制造商或集成商生产的，按一家投标人认定。对两家以上集成商或代理商使用相同制造商的产品作为其项目包的一部分，且相同产品的价格总和均超过该项目包各自投标总价60%的，按一家投标人认定。

对于国外贷款、援助资金项目，资金提供方规定当投标截止时间到达时，投标人少于三个可直接进入开标程序的，可以适用其规定。

④ 第六十五条规定：依法必须进行招标的项目的所有投标被否决的，招标人应当依照本办法重新招标。

⑤ 第六十七条规定：使用国外贷款、援助资金的项目，招标人或招标机构应当自收到评标委员会提交的书面评标报告之日起的三日内向资金提供方报送评标报告，并自获其出具不反对意见之日起的三日内在招标网上进行评标结果公示。资金提供方对评标报告有反对意见的，招标人或招标机构应当及时将资金提供方的意见报相应的主管部门，并依照本办法重新招标或者重新评标。

⑥ 第七十条规定：排名第一的中标候选人放弃中标、因不可抗力不能履行合同、不按招标文件要求提交履约保证金，或者被查实存在影响中标结果的违法行为等情形，不符合中标条件的，招标人可以按照评标委员会提出的中标候选人名单排序依次确定其他中标候选人为中标人，也可以重新招标。

（6）《政府采购货物和服务招标投标管理办法》中规定的重新招标情形

《政府采购货物和服务招标投标管理办法》第四十三条规定，公开招标数额标准以上的采购项目，投标截止后投标人不足三家，或者通过资格审查或符合性审查的投标人不足三家的，除采购任务取消情形外，按照以下方式处理。

① 招标文件存在不合理条款或者招标程序不符合规定的，采购人、采购代理机构改正后依法重新招标。

② 招标文件没有不合理条款、招标程序符合规定，需要采用其他采购方式采购的，采购人应当依法报财政部门批准。

## 3.9 中标

中标是指评标结束后，招标人从中标候选人中确定合同当事人的环节，被确定为合同当事人的民事主体是中标人。

### 3.9.1 确定中标人的原则

#### 1. 确定中标人的权利归属招标人的原则

评标委员会负责评标工作，但确定中标人的权利归属招标人。《招标投标法》第四十条规定，招标人根据评标委员会提出的书面评标报告和推荐的中标候选人确定中标人。因此，

在一般情况下，评标委员会只负责推荐合格中标候选人，中标人应当由招标人确定。确定中标人的权利，招标人可以自己直接行使，也可以授权评标委员会直接确定中标人。

**2. 确定中标人的权利受限原则**

虽然确定中标人的权利属于招标人，但这种权利受到很大限制。按照《招标投标法实施条例》的规定，国有资金占控股或者主导地位的依法必须进行招标的项目，招标人应当确定排名第一的中标候选人为中标人。政府采购货物和服务招标项目、机电产品国际招标项目，招标人应当确定排名第一的中标候选人为中标人。

## 3.9.2　确定中标人的程序

**1. 评标委员会推荐合格中标候选人**

（1）按照《招标投标法实施条例》规定，评标完成后，评标委员会应当向招标人提交书面评标报告和中标候选人名单。中标候选人应当不超过三个，并标明排序。

（2）按照《政府采购货物和服务招标投标管理办法》规定，评标委员会应当按照招标文件中规定的评标方法和标准，对符合性审查合格的投标文件进行商务和技术评估，综合比较与评价。

采用最低评标价法的，评标结果按投标报价由低到高的顺序排列。投标报价相同的并列。投标文件满足招标文件全部实质性要求且投标报价最低的投标人为排名第一的中标候选人。

采用综合评分法的，评标结果按评审后得分由高到低的顺序排列。得分相同的，按投标报价由低到高的顺序排列。得分及投标报价相同的并列。投标文件满足招标文件全部实质性要求，且按照评审因素的量化指标评审得分最高的投标人为排名第一的中标候选人。

**2. 招标人自行或者授权评标委员会确定中标人**

招标人应当接受评标委员会推荐的中标候选人，不得在评标委员会推荐的中标候选人之外确定中标人。特殊项目，招标人应按照以下原则确定中标人。

（1）《招标投标法实施条例》第五十五条规定，国有资金占控股或者主导地位的依法必须进行招标的项目，招标人应当确定排名第一的中标候选人为中标人。排名第一的中标候选人放弃中标、因不可抗力不能履行合同、不按照招标文件要求提交履约保证金，或者被查实存在影响中标结果的违法行为等情形，不符合中标条件的，招标人可以按照评标委员会提出的中标候选人名单排序依次确定其他中标候选人为中标人，也可以重新招标。

（2）《机电产品国际招标投标实施办法（试行）》第五十六条规定，采用最低评标价法评标的，在商务、技术条款均实质性满足招标文件要求时，评标价格最低者为排名第一的中标候选人；采用综合评价法评标的，在商务、技术条款均实质性满足招标文件要求时，综合评价最优者为排名第一的中标候选人。

（3）《政府采购货物和服务招标投标管理办法》第六十八条规定，采购代理机构应当在评标结束后的二个工作日内将评标报告送采购人。采购人应当自收到评标报告之日起的五个工作日内，在评标报告确定的中标候选人名单中按顺序确定中标人。中标候选人并列的，由采购人或者采购人委托评标委员会按照招标文件规定的方式确定中标人；招标文件未规定的，采取随机抽取的方式确定。采购人自行组织招标的，应当在评标结束后的五个工作日内确定中标人。

采购人在收到评标报告的五个工作日内未按评标报告推荐的中标候选人顺序确定中标人，

又不能说明合法理由的，视同按评标报告推荐的顺序确定排名第一的中标候选人为中标人。

**3. 招标人确定中标人的时限要求**

各类招标项目中，对确定中标人的时间限制有所不同。

（1）《评标委员会和评标方法暂行规定》第四十条规定，评标和定标应当在投标有效期内完成。不能在投标有效期内完成评标和定标的，招标人应当通知所有投标人延长投标有效期。拒绝延长投标有效期的投标人有权收回投标保证金。同意延长投标有效期的投标人应当相应延长其投标担保的有效期，但不得修改投标文件的实质性内容。因延长投标有效期造成投标人损失的，招标人应当给予补偿，但因不可抗力需延长投标有效期的除外。

招标文件应当载明投标有效期。投标有效期从提交投标文件截止日起计算。

（2）《政府采购货物和服务招标投标管理办法》第六十八条规定，如果是委托采购代理机构的项目，采购人应当在收到评标报告后五个工作日内，按照评标报告中推荐的中标候选供应商顺序确定中标供应商；采购人自行组织招标的，应当在评标结束后五个工作日内确定中标供应商。

**4. 中标候选人、中标结果公示或者公告**

为了体现招标投标中的公平、公正、公开的原则，且便于社会的监督，确定中标人后，中标候选人、中标结果应当公示或者公告。

（1）中标候选人公示。《招标投标法实施条例》第五十四条规定，依法必须进行招标的项目，招标人应当自收到评标报告之日起三日内公示中标候选人，公示期不得少于三日。投标人或者其他利害关系人对依法必须进行招标的项目的评标结果有异议的，应当在中标候选人公示期间提出。招标人应当自收到异议之日起三日内做出答复；做出答复前，应当暂停招标投标活动。

（2）机电产品国际招标项目评标结果公示。《机电产品国际招标投标实施办法（试行）》第六十七条规定，依法必须进行招标的项目，招标人或招标机构应当依据评标报告填写“评标结果公示表”，并自收到评标委员会提交的书面评标报告之日起三日内在招标网上进行评标结果公示。评标结果应当一次性公示，公示期不得少于三日。

采用最低评标价法评标的，“评标结果公示表”中的内容包括“中标候选人排名”“投标人及制造商名称”“评标价格”和“评议情况”等。每个投标人的评议情况应当按商务、技术和价格评议三个方面在“评标结果公示表”中分别填写，填写的内容应当明确说明招标文件的要求和投标人的响应内容。对一般商务和技术条款（参数）偏离进行价格调整的，在评标结果公示时，招标人或招标机构应当明确公示价格调整的依据、计算方法、投标文件偏离内容及相应的调整金额。

采用综合评价法评标的，“评标结果公示表”中的内容包括“中标候选人排名”“投标人及制造商名称”“综合评价值”“商务、技术、价格、服务及其他等大类评价项目的评价值”和“评议情况”等。每个投标人的评议情况应当明确说明招标文件的要求和投标人的响应内容。

使用国外贷款、援助资金的项目，招标人或招标机构应当自收到评标委员会提交的书面评标报告之日起三日内向资金提供方报送评标报告，并自获其出具不反对意见之日起三日内在招标网上进行评标结果公示。

（3）政府采购项目中标结果公示。《政府采购货物和服务招标投标管理办法》第六十九条规定，采购人或者采购代理机构应当自中标人确定之日起二个工作日内，在省级以上财政

部门指定的媒体上公告中标结果，招标文件应当随中标结果同时公告。

中标结果公告内容应当包括采购人及其委托的采购代理机构的名称、地址、联系方式，项目名称和项目编号，中标人名称、地址和中标金额，主要中标标的的名称、规格型号、数量、单价、服务要求，中标公告期限以及评审专家名单。

中标公告期限为一个工作日。

邀请招标采购人采用书面推荐方式产生符合资格条件的潜在投标人的，还应当将所有被推荐供应商名单和推荐理由随中标结果同时公告。

**5. 发出中标通知书**

公示结束后，招标人应当向中标人发布中标通知书，告知中标人中标的结果。《招标投标法》第四十五条规定："中标人确定后，招标人应当向中标人发布中标通知书，并同时将中标结果通知所有未中标的投标人。"

按照《政府采购货物和服务招标投标管理办法》第六十九条的规定，在公告中标结果的同时，采购人或者采购代理机构应当向中标人发出中标通知书；对未通过资格审查的投标人，应当告知其未通过的原因；采用综合评分法评审的，还应当告知未中标人本人的评审得分与排序。

**6. 订立合同**

中标通知书发出后，招标人与中标人订立合同。《招标投标法实施条例》第五十八条规定，订立合同前，招标文件要求中标人提交履约保证金的，中标人应当按照招标文件的要求提交。履约保证金不得超过中标合同金额的 10%。

**7. 投标保证金的退还**

招标人一般在招标活动正常结束之后及时返还投标人的投标保证金，但招标文件规定投标保证金不予退还的行为除外。《招标投标法实施条例》第五十七条规定，招标人最迟应当在书面合同签订后五日内向中标人和未中标人退还投标保证金及银行同期存款利息。各类招标项目关于投标保证金的退还规定略有差异。

（1）投标保证金的正常退还。

① 对于工程建设项目，《工程建设项目货物招标投标办法》第五十二条规定，招标人最迟应当在书面合同签订后五日内向中标人和未中标的投标人一次性退还投标保证金及银行同期存款利息。

② 对于机电产品国际招标项目，《机电产品国际招标投标实施办法（试行）》第七十六条规定，招标人最迟应当在书面合同签订后五日内向中标人和未中标的投标人退还投标保证金及银行同期存款利息。

③ 政府采购项目，《政府采购货物和服务招标投标管理办法》第三十八条规定，采购人或者采购代理机构应当自中标通知书发出之日起五个工作日内退还未中标人的投标保证金，自采购合同签订之日起五个工作日内退还中标人的投标保证金或者转为中标人的履约保证金。采购人或者采购代理机构逾期退还投标保证金的，除应当退还投标保证金本金外，还应当按中国人民银行同期贷款基准利率上浮 20%后的利率支付超期资金占用费，但因投标人自身原因导致无法及时退还的除外。

（2）投标保证金不予退还。投标人在投标阶段存在违反承诺行为，招标人按照招标文件的规定不予退还其投标保证金，以维护自身利益。

① 工程建设项目。根据《工程建设项目施工招标投标办法》第八十一条和《工程建设

项目货物招标投标办法》第五十八条的规定，中标通知书发出后，中标人放弃中标项目的，无正当理由不与招标人签订合同的，在签订合同时向招标人提出附加条件或者更改合同实质性内容的，或者拒不提交所要求的履约保证金的，取消其中标资格，投标保证金不予退还；给招标人的损失超过投标保证金数额的，中标人应当对超过部分予以赔偿；没有提交投标保证金的，应当对招标人的损失承担赔偿责任。对依法必须进行招标的项目的中标人，由有关行政监督部门责令改正，可以处中标金额千分之十以下的罚款。

② 机电产品国际招标项目。《机电产品国际招标投标实施办法（试行）》第四十三条规定，投标截止后投标人撤销投标文件的，招标人可以不退还投标保证金。

③ 政府采购项目。根据《政府采购货物和服务招标投标管理办法》第二十三条的规定，投标有效期内投标人撤销投标文件的，采购人或者采购代理机构可以不退还投标保证金。

### 3.9.3 中标通知书

**1. 中标通知书的性质**

按照合同法的规定，发出招标公告和投标邀请书是要约邀请，递交投标文件是要约，发出中标通知书是承诺。投标符合要约的所有条件：它具有缔结合同的主观目的；一旦中标，投标人将受投标书的拘束；投标书的内容具有足以使合同成立的主要条件。而招标人向中标的投标人发出的中标通知书，则是招标人同意接受中标的投标人的投标条件，即同意接受该投标人的要约的意思表示，属于承诺。因此，发出中标通知书不但是将中标的结果告知投标人，还将直接导致合同的成立。

**2. 中标通知书的法律效力**

《招标投标法》第四十五条规定，中标通知书对招标人和中标人具有法律效力。中标通知书发出后，招标人改变中标结果的，或者中标人放弃中标项目的，应当依法承担法律责任。中标通知书生效后，合同在实质上已经成立，招标人改变中标结果，或者中标人放弃中标项目，都应当承担违约责任。

（1）中标人放弃中标项目。中标人一旦放弃中标项目，一般会给招标人造成一定的损失。如果没有其他中标候选人，招标人一般需要重新招标，竣工或者交货期限可能会推迟。即使有其他中标候选人，其他中标候选人的条件也往往不如原定的中标人。招标文件一般要求投标人提交投标保证金，如果中标人放弃中标项目，招标人可以不予退还其投标保证金。如果投标保证金不足以弥补招标人的损失，招标人可以继续要求中标人赔偿损失。按照《合同法》的规定，约定的违约金低于造成的损失金额的，当事人可以请求人民法院或者仲裁机构予以增加。

（2）招标人改变中标结果。招标人改变中标结果，拒绝与中标人订立合同，也必然给中标人造成损失。中标人的损失既包括准备订立合同的支出，也包括为合同履行进行准备的损失。中标通知书生效后，合同在实质上已经成立，中标人应当为合同的履行进行准备，包括准备设备、人员、材料等。

（3）招标人的告知义务。中标人确定后，招标人不但应当向中标人发出中标通知书，还应当同时将中标结果通知所有未中标的投标人。招标人的这一告知义务是《招标投标法》要求招标人承担的。规定该义务的目的是让招标人能够接受监督，同时，如果招标人有违法情

况，损害中标人以外的其他投标人利益的，其他投标人也可以及时主张自己的权利。

# 3.10 签订合同

## 3.10.1 签订合同的原则

**1. 平等原则**

合同当事人的法律地位平等，即享有民事权利和承担民事义务的资格是平等的，一方不得将自己的意志强加给另一方。市场经济中，交易双方的关系实质上是一种平等的契约关系，因此，在订立合同中，一方当事人的意思表示必须是完全自愿的，不能是在强迫和压力下所做出的非自愿的意思表示。因为合同是平等主体之间的法律行为，只有订立合同的当事人平等协商，才有可能订立意思表示一致的协议。

**2. 自愿原则**

合同当事人依法享有自愿订立合同的权利，不受任何单位和个人的非法干预。合同法中的自愿原则，是合同自由的具体体现。民事主体在民事活动中享有自主的决策权，其合法的民事权利可以抗御非正当行使的国家权利，也不受其他民事主体的非法干预。

合同法中的自愿原则有以下含义：第一，合同当事人有订立或者不订立合同的自由；第二，当事人有选择合同相对人、合同内容和合同形式的自由，即有权决定与谁订立合同、有权拟定或者接受合同条款、有权以书面或者口头的形式订立合同。

**3. 公平原则**

合同当事人应当遵循公平原则确定各方的权利和义务。在合同的订立和履行中，合同当事人应当正当行使合同权利和履行合同义务，兼顾他人利益，使当事人的利益能够均衡。在双务合同中，一方当事人在享有权利的同时，也要承担相应义务，取得的利益要与付出的代价相适应。

**4. 诚实信用原则**

合同当事人在订立合同、行使权利、履行义务中，都应当遵循诚实信用原则。这是市场经济活动中形成的道德规则，它要求人们在交易活动（订立和履行合同）中讲究信用，恪守诺言，诚实不欺。在行使权利时应当充分尊重他人和社会的利益，对约定的义务要忠实地履行。

**5. 合法性原则**

合同当事人在订立及履行合同时，合同的形式和内容等各构成要件必须符合法律的要求，符合国家强行性法律的要求，不违背社会公共利益，不扰乱社会经济秩序。

## 3.10.2 签订合同的要求

招标人与中标人签订合同，必须按照《合同法》的基本要求签订，除此之外还必须遵循《招标投标法》及《招标投标法实施条例》的有关规定。对于依法必须招标的项目招标人与中标人签订中标合同，应按照国务院发展改革部门会同有关行政监督部门制定的标准文本进行。

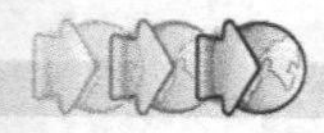


**1．订立合同的形式要求**

按照《招标投标法》的规定，招标人和中标人应当自中标通知书发出之日起三十日内，按照招标文件和中标人的投标文件订立书面合同。即法律要求中标通知书发出后，双方应当订立书面合同。因此，通过招标投标订立的合同是要式合同。

**2．订立合同的内容要求**

应当按照招标文件和中标人的投标文件确定合同内容。招标文件与投标文件应当包括合同的全部内容。所有的合同内容都应当在招标文件中有体现：一部分合同内容是确定的，是不容投标人变更的，如技术要求等，否则就构成重大偏差；另一部分是要求投标人明确的，如报价。投标文件只能按照招标文件的要求编制，因此，如果出现合同应当具备的内容招标文件没有明确，也没有要求投标文件明确，则责任应当由招标人承担。

书面合同订立后，招标人和中标人不得再行订立背离合同实质性内容的其他协议。对于建设工程施工合同，最高人民法院的司法解释规定，当事人就同一建设工程另行订立的建设工程施工合同与经过备案的中标合同实质性内容不一致的，应当以备案的中标合同作为结算工程价款的根据。

**3．订立合同的时间要求**

中标通知书发出后，应当尽快订立合同。这是招标人提高采购效率、投标人降低成本的基本要求。如果订立合同的时间拖得太长，市场情况发生变化，也会使投标报价时的竞争失去意义。因此，《招标投标法》第四十六条规定，招标人和中标人应当自中标通知书发出之日起三十日内，按照招标文件和中标人的投标文件订立书面合同。《政府采购法》第四十六条规定，采购人与中标供应商、成交供应商应当在中标、成交通知书发出之日起三十日内，按照采购文件确定的事项签订政府采购合同。

**4．订立合同接受监督的要求**

在合同订立过程中，招标投标监督部门仍然要进行监督。《招标投标法》第四十七条规定，依法必须进行招标的项目，招标人应当自确定中标人之日起十五日内，向有关行政监督部门提交招标投标情况的书面报告。

（1）书面报告的内容。依法必须进行招标的项目，包括项目的勘察、设计、施工、监理，以及与工程建设有关的重要设备、材料等的采购等，都应当向有关招标投标行政监督部门提交招标投标情况的书面报告。目前，国家有关部门已经对施工招标、勘察设计招标、货物招标的书面报告内容做出了具体规定。

《工程建设项目施工招标投标办法》第六十五条规定，施工招标的书面报告至少应包括下列内容。

① 招标范围。

② 招标方式和发布招标公告的媒介。

③ 招标文件中投标人须知、技术条款、评标标准和方法、合同主要条款等内容。

④ 评标委员会的组成和评标报告。

⑤ 中标结果。

《工程建设项目勘察设计招标投标办法》第四十七条规定，对于勘察设计招标的项目，书面报告一般应包括以下内容。

① 招标项目基本情况。

② 投标人情况。

③ 评标委员会成员名单。

④ 开标情况。

⑤ 评标标准和方法。

⑥ 否决投标情况。

⑦ 评标委员会推荐的经排序的中标候选人名单。

⑧ 中标结果。

⑨ 未确定排名第一的中标候选人为中标人的原因。

⑩ 其他需说明的问题。

《工程建设项目货物招标投标办法》第五十四条规定，货物招标的书面报告至少应包括下列内容。

① 招标货物基本情况。

② 招标方式和发布招标公告或者资格预审公告的媒介。

③ 招标文件中投标人须知、技术条款、评标标准和方法、合同主要条款等内容。

④ 评标委员会的组成和评标报告。

⑤ 中标结果。

（2）合同备案制度。合同备案，是指当事人签订合同后，还要将合同提交相关的主管部门登记。有些通过招标投标订立的合同应当进行备案，这些备案要求不是合同生效的条件。如《政府采购法》第四十七条规定，政府采购项目的采购合同自签订之日起七个工作日内，采购人应当将合同副本报同级政府采购监督管理部门和有关部门备案。

### 3.10.3　履约保证金

招标人需要中标人提交履约保证金的，或招标人为保证合同履行提供相应履约担保的，其履约保证金的形式、金额等具体要求应当由招标人在招标文件中规定。

**1. 提交履约保证金的依据**

《招标投标法》中所称的履约保证金的实质是履约担保，是指中标人或者招标人为保证履行合同而向对方提交的担保。在招标投标实践中，常见的是中标人向招标人提交的履约担保。《招标投标法》第四十六条规定，招标文件要求中标人提交履约保证金的，中标人应当提交，该规定表明招标人有权决定是否要求中标人提交履约保证金。按照《招标投标法》第四十八条的规定，中标人应当按照合同约定履行义务，完成中标项目。中标人不得向他人转让中标项目，也不得将中标项目分解后分别向他人转让。中标人按照合同约定或者经招标人同意，可以将中标项目的部分非主体、非关键性工作分包给他人完成。接受分包的人应当具备相应的资格条件，并不得再次分包。中标人应当就分包项目向招标人负责，接受分包的人就分包项目承担连带责任。

（1）中标人应当按照合同约定履行义务，完成中标项目。合同当事人应当全面履行合同约定的内容，完成相关工作。通过招标投标订立的合同，比普通订立方式订立的合同更加严格、谨慎，政府监督部门有更严格的监督，当然，合同的履行也不例外，也应当严格按约定义务履行。

（2）中标人不得向他人转让中标项目。中标人应当自行完成合同中的各项义务，不得向他人转让中标项目。招标人在确定中标人的过程中不仅仅是因为投标人对完成合同内容的承

诺，也对投标人的信誉、人员、设备等投标人自有、不可转让的因素进行了评价，因此，中标人应当完成合同约定的各项义务。

（3）不得将中标项目分解后分别向他人转让。在招标项目中，中标人对项目进行分包是正常的，但中标人对项目分包，应当按照合同约定或者经招标人同意，将中标项目的部分非主体、非关键性工作分包给他人完成，且接受分包的人应当具备相应的资格条件。法律禁止的是违法分包。将中标项目分解后分别向他人转让，就是一种违法分包；将中标项目的主体、关键性工作分包给他人完成，也是一种违法分包。这些“分包”，是被法律禁止的。

至于招标人向中标人提交的担保，则是由于招标人负有向中标人支付合同价款的义务，因此，招标人向中标人提交的担保一般是支付担保。

**2. 提交履约保证金的形式**

《招标投标法》中所称的履约保证金实际是履约担保的通称，其形式有多种，一般包括以下内容。

（1）银行保函或不可撤销的信用证。

（2）保兑支票。

（3）银行汇票。

（4）现金支票或转账支票。

（5）现金。

（6）法律规定的其他形式。

履约担保既可能是中标人向招标人提交的，也可能是招标人向中标人提交的。通常使用的方式是履约保证，即由招标人、中标人以外的第三人保证中标人履行合同。如果是招标人向中标人保证的，一般是支付担保。按照《担保法》规定的保证和有关国际惯例，履约保证又可以分为两类：一类是银行出具的，一般称为履约保函；一类是银行以外的其他保证人出具的，一般称为履约保证书。银行以外的其他保证人可以是担保公司或其资信获得认可的保证人。履约保函又可以分为有条件保函和无条件保函。除了保证以外，中标人以支票、汇票、存款单为质押，作为履约保证金的也很常见。如果工程规模较小，中标人甚至可以以现金作为履约保证金。

《招标投标法实施条例》第五十八条规定，招标文件要求中标人提交履约保证金的，中标人应当按照招标文件的要求提交，履约保证金不得超过中标合同金额的 10%。《工程建设项目施工招标投标办法》第六十二条和《工程建设项目货物招标投标办法》第五十一条同时规定，招标人要求中标人提供履约保证金或其他形式履约担保的，招标人应当同时向中标人提供工程款或者货物款支付担保。

**3. 不提交履约保证金的法律后果**

招标文件要求中标人提交履约保证金或者其他形式履约担保的，中标人拒绝提交的，视为放弃中标项目。此时，招标人可以选择其他中标候选人作为中标人。原中标人的投标保证金不予退还，给招标人造成的损失超过投标保证金数额的，原中标人还应当对超过部分予以赔偿。《招标投标法实施条例》第五十五条规定，国有资金占控股或者主导地位的依法必须进行招标的项目，排名第一的中标候选人不按照招标文件要求提交履约保证金，招标人可以按照评标委员会提出的中标候选人名单排序依次确定其他中标候选人为中标人，也可以重新招标。《招标投标法实施条例》第七十四条规定，中标人不按照招标文件要求提交履约保证金的，取消其中标资格，投标保证金不予退还。对依法必须进行招标的项目的中标人，由有

关行政监督部门责令改正，可以处中标项目金额10‰以下的罚款。

另外，《工程建设项目施工招标投标办法》第八五十条和《工程建设项目货物招标投标办法》第五十九条均规定，招标人不履行与中标人订立的合同的，应当返还中标人的履约保证金，并承担相应的赔偿责任；没有提交履约保证金的，应当对中标人的损失承担赔偿责任。

## 习题

（1）根据《招标投标法》第三条规定，必须招标的工程建设项目以及与工程建设有关的重要设备、材料等的采购包括________、________、________。

（2）按照《招标投标法》第六十六条的规定，涉及________、________、________或者________等的特殊情况，不适宜进行招标的项目，按照国家有关规定可以不进行招标。

（3）按照《工程建设项目施工招标投标办法》第十二条的规定，依法必须进行施工招标的工程建设项目有下列情形之一的，可不进行施工招标：

① ________；

② ________；

③ ________；

④ ________；

⑤ ________；

⑥ 国家规定的其他情形。

（4）各类工程建设项目，必须进行招标的标准：施工单项合同估算价在________元人民币以上的；重要设备、材料等货物的采购，单项合同估算价在________元人民币以上的；勘察、设计、监理等服务的采购，单项合同估算价在________元人民币以上的。

（5）招标人是法人的，应当有必要的________，有自己的________，具有________，且能够依法独立享有________和承担________的机构，包括企业、事业、政府机关和社会团体法人。

（6）按照《招标公告和公示信息发布管理办法》的规定，依法必须招标项目的招标公告和公示信息应当在________或者________发布。

（7）招标人应当按照资格预审公告或者投标邀请书规定的时间、地点发售资格预审文件。资格预审文件发售期不得少于________。澄清和修改的内容可能影响资格预审申请文件的，招标人应当在提交资格预审申请文件截止时间至少________前，以书面形式通知所有获取资格预审文件的潜在投标人；潜在投标人或者其他利害关系人对资格预审文件有异议的，应当在提交资格预审申请文件截止时间________前提出。

（8）资格预审申请文件的评审由招标人组建的________负责，资格后审应当在开标后由________按照招标文件规定的标准和方法对投标人的资格进行审查。

（9）依法必须招标的项目自招标文件开始发出之日起至投标人提交投标文件截止之日止不得少于________。招标人对已发出的招标文件的澄清与修改，应当在投标文件截止时间至少________前通知所有购买招标文件的潜在投标人。潜在投标人或者其他利害关系人对招标文件有异议的，应当在投标截止时间________前提出。

（10）撤回是指投标人在________前收回已经递交给招标人的投标文件，不再投标，或在规定时间内重新编制投标文件，并在规定时间内送达指定地点重新投标。撤销是指投标人在________之后收回已经递交给招标人的投标文件，在这种情况下，招标人可以不退还________。

（11）《招标投标法实施条例》第三十六条规定，不按照招标文件要求密封的投标文件，招标人应当________。投标文件未经________和________的，评标委员会应当否决其投标。招标人收到投标文件后，应当向投标人出具标明签收人和签收时间的凭证，在________前任何单位和个人不得开启投标文件。投标保证金有效期应当与________一致。

（12）招标项目的评标和定标活动应当在投标有效期结束日________前完成。

（13）《招标投标法实施条例》第二十六条规定，招标人在招标文件中要求投标人提交投标保证金的，投标保证金不得超过招标项目估算价的________。投标保证金的形式一般有：①________；②________；③________；④________；⑤________；⑥招标文件中规定的其他形式。以现金或者支票形式提交的投标保证金应当从其________转出。

（14）联合体对外以一个投标人的身份共同投标，联合体中标的，联合体各方应当________与招标人签订合同，就中标项目向招标人承担________。联合体各方均应当具备规定的相应资格条件。由同一专业的单位组成的联合体，按照________的单位确定资质等级。资格预审后联合体增减、更换成员的，其投标________。投标联合体没有提交________，评标委员会应当否决其投标。

（15）开标，即在招标投标活动中，由________主持，在________预先载明的开标时间和开标地点邀请________参加，公开宣布全部投标人的________及投标文件中其他主要内容。开标的程序和内容包括________、________、________及________等。投标人少于________的，不得开标；招标人应当重新招标。投标人对开标有异议的，应当在________提出。

（16）工程建设项目评标方法包括________、________及法律法规允许的其他评标方法。

（17）按照合同法的规定，发出招标公告和投标邀请书是________，递交投标文件是________，发出中标通知书是________。

（18）签订合同的原则包括________原则、________原则、________原则、________原则、________原则。

（19）简述招标进度计划的编制步骤。

（20）简述招标人自行办理招标事宜、组织工程招标的资格条件。

（21）简述按照《招标公告和公示信息发布管理办法》的规定，招标公告应当包括的主要内容。

（22）简述招标文件应当包括的主要内容。

（23）简述评标专家应该具备的条件。

# 第4章 通信工程项目招标投标特点和要求

**学习目标**

- 掌握通信工程项目的特点，深刻理解通信工程建设程序。
- 掌握通信工程的特点及其招标投标活动的特点。
- 理解《通信工程建设项目招标投标管理办法》出台的意义。
- 掌握《通信工程建设项目招标投标管理办法》的主要内容和具体要求。

通信网络实现信息的连接，完成人与人、人与物、物与物间的信息传递，并可能对信息进行一定的处理。最简单的通信系统一般由信息源、发送设备、传输信道、接收设备和信宿几部分组成，这种系统可实现点对点通信。要实现多用户之间的通信，还需要通过交换控制设备将多个通信系统有机地组成一个整体，使他们能协同工作，形成通信网络的结构。为了全球几十亿人、几百亿的服务器和传感器能够实现话音、视频、数据等各类信息任意交互，事实上的电信运营网络更为庞杂。

通过长期的通信工程建设经验积累，形成了一套严格的通信工程建设程序，电信运营企业在通信工程建设项目开展中都必须遵守。由于通信网络的复杂性、建设的技术性及程序性要求，通信工程项目招标投标工作形成了自己的特点。为了规范通信工程建设项目招标投标活动，工业和信息化部出台《通信工程建设项目招标投标管理办法》，为通信工程建设项目招标投标活动提供了详细的指引和依据。

## 4.1 通信工程项目的特点和建设程序

### 4.1.1 通信工程项目的特点

通信网络建设项目按专业或业务的不同一般可以划分为无线网、传输网、数据网、核心网、业务网、有线接入网、IT 系统、基础设施、局房等类别。根据工程性质不同，工程建设项目可以分为基本建设项目和技术改造项目。其中，基本建设项目还可以划分为新建项目、改建项目、扩建项目、迁建项目和恢复工程。

通信网络建设工程有如下特点。

（1）具有全程全网联合作业的特点，在工程建设中必须满足统一的网络组织原则、统一的技术标准，解决工程建设中各个组成部分的协调配套问题，更好地发挥投资效益。

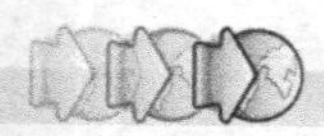



（2）通信技术发展很快，新技术、新业务不断更新换代，在建设中要坚持高起点，充分论证新技术、新业务、新设备的应用，保证网络的先进性，提高劳动生产率和服务水平。

（3）通信网络是现代信息社会的基础设施，可以说有人类活动的地方就需要通信设施。通信网络点多、线长、面广，工程建设项目数量多，分布全国乃至世界各地，规模大小悬殊，工程建设管理具有一定难度。

（4）通信建设很多是对原有网络的扩充、提升与完善，也可以视为对原有通信网络的调整改造，因此必须处理好新建工程与原有网络的关系，处理好新旧技术的衔接和兼容，并保证原有业务运行不受影响。

## 4.1.2　通信工程建设程序

通信工程建设是电信运营企业的固定资产投资项目，不管哪一家电信运营企业，对固定资产投资项目的建设都将严格控制及管理，都必须遵守通信工程建设程序的严格要求。

通信固定资产投资项目的工程建设程序大致可划分为三个时期，详见图 4-1。项目建设的三个时期为“立项阶段”“实施阶段”和“验收投产阶段”。“立项阶段”包括项目建议书、可行性研究；“实施阶段”由初步设计、年度计划、施工准备、施工图设计、施工招标投标、开工报告、施工七个步骤组成；“验收投产阶段”包括初步验收、试运行、竣工验收等内容。其中“实施阶段”对于小工程项目、技术成熟的扩容工程项目等可以采用一阶段设计，省掉初步设计；“验收投产阶段”对一些小工程项目或技术成熟的工程项目也可采用简化验收程序。

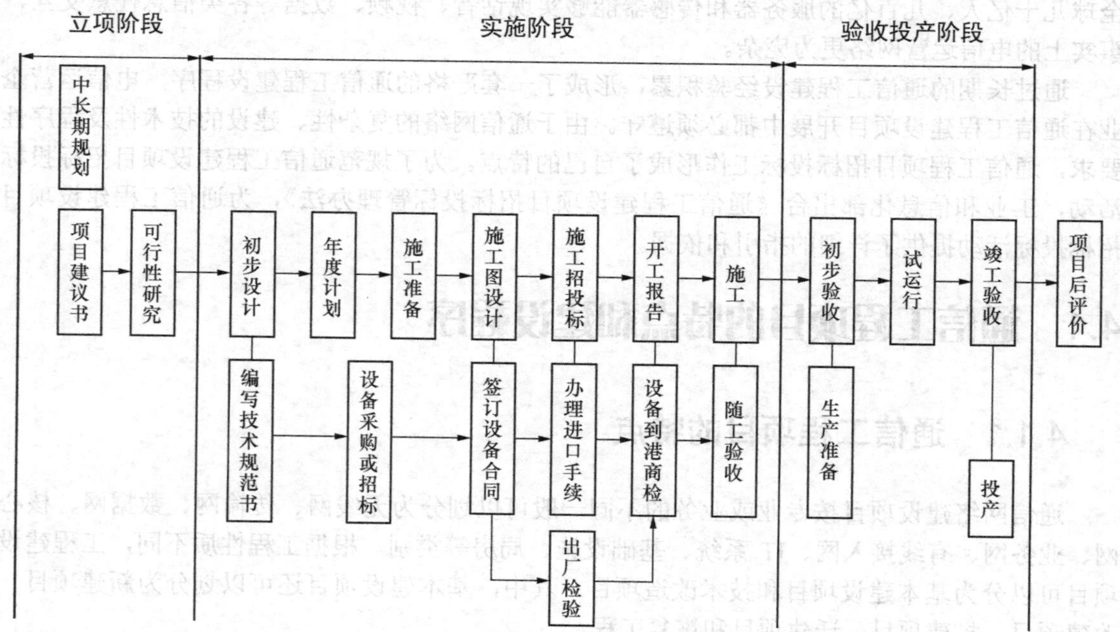


图 4-1　通信工程建设程序

**1. 项目建议书**

项目建议书是要求建设某一具体项目的建议文件，是基本建设程序中最初阶段的工作成果，是投资决策前对拟建项目的轮廓设想。项目建议书论述项目建设的必要性、条件的可行性和获得的可能性。项目建议书报经有审批权限的部门批准后，可以进行可行性研究工作，但并不表明项目非上不可，项目建议书不是项目的最终决策。

**2. 可行性研究**

可行性研究是项目前期工作的最重要的内容。可行性研究在项目决策前对项目有关的工程、技术、经济、市场等各方面条件和情况进行调查、研究、分析，对各种可能的建设方案和技术方案进行比较论证，对项目建成后的经济效益、风险状况进行预测和评价。采用科学分析的方法，由此可考查项目技术上的先进性和适用性，经济上的盈利性和合理性，建设的可能性和可行性。它从项目建设和生产经营的全过程考察分析项目的可行性，其目的是回答项目是否有必要建设，是否可能建设和如何进行建设的问题，其结论为投资者对项目的最终决策提供直接的依据。

**3. 初步设计**

初步设计根据批准的可研报告，以及有关的设计标准、规范，并通过现场勘查工作取得可靠的实际基础资料后进行编制。初步设计的主要任务是确定项目的建设方案、进行设备的选型、编制工程项目总概算量。初步设计文件的编制深度应当满足编制施工招标文件、签订主要设备材料订货合同和编制施工图设计文件的需要，是下一阶段施工图设计的基础。

初步设计（包括项目概算），根据审批权限，由企业相关计划部门委托或组织投资项目评审专家进行审查，通过后，按照项目实际情况，由企业计划部门或会同其他有关部门进行审批。

**4. 年度计划**

年度计划文件包括基本建设拨款计划，设备和主材采购、储备计划，贷款计划，工期组织配合计划等。年度计划应包括整个工程项目的和年度的投资及进度计划，是保证工程项目总进度要求的重要文件。建设项目必须具有经过批准的初步设计和总概算，经资金、物资、设计、施工能力等综合平衡后，才能列入年度建设计划。经批准的年度建设计划是进行基本建设拨款或贷款的主要依据。

**5. 施工准备**

施工准备是基本建设程序中的重要环节，是衔接基本建设和生产的桥梁。建设单位应根据建设项目或单项工程的技术特点，适时组织机构，做好以下工作。

（1）制定建设工程管理制度，落实管理人员。

（2）汇总技术资料。

（3）落实施工和生产物资的供货来源。

（4）落实施工环境的准备工作，如征地、拆迁、“三通一平”（水、电、路通和平整土地）等工程。

**6. 施工图设计**

施工图设计的主要内容是根据批准的初步设计和主要设备订货合同，绘制出正确、完整和尽可能详细的施工图纸，包括标明房屋、建筑物、设备的结构尺寸，安装设备的配置关系和布线，施工工艺，提供设备、材料明细表，并编制施工图预算。

施工图设计完成后，必须委托施工图设计审查单位审查，并加盖审查专用章，然后使用。审查单位必须是取得审查资格且符合审查权限要求的设计咨询单位。经审查的施工图设计还必须经有权审批的部门进行审批。

7. 施工招标投标

施工招标投标是建设单位将建设工程发包，鼓励施工企业投标竞争，从中评定出技术和管理水平高、信誉可靠且报价合理的中标企业。通信建设工程的施工，必须由持有通信工程施工资质的企业承担。

建设单位组织编制标书，公开向社会招标，在拟建工程的技术、质量和工期的基础上，预先明确建设单位与施工企业各自应承担的责任和义务；依法签订合同，组成合作关系。

8. 开工报告

建设单位应在落实了年度资金拨款、通信设备和通信专用的主要材料供货厂商及工程管理组织，与承包商签订施工承包合同后，在建设工程开工前一个月，向主管部门提出开工报告。

9. 施工

施工单位应按批准的施工图设计进行施工。

施工监理代表建设单位对施工过程中的工程质量、进度、资金使用进行全过程管理控制。

建设项目的单项工程由建设单位、设备厂家、监理公司、施工单位等在现场边施工、边测试、边进行随工验收（指隐蔽工程）。单项工程完工后组织相关部门进行单项验收。

10. 初步验收

初步验收是由施工企业完成施工承包合同工程量后，依据合同条款向建设单位申请完工验收。

初步验收由建设单位或监理公司组织，相关设计、施工、维护、工程档案及质量管理部门参加。

初步验收应在原定计划建设工期内进行。初步验收工作包括检查过程质量、审查交工资料、分析投资效益、对发现的问题提出处理意见，并组织相关责任单位落实解决。

初步验收应以批复的初步设计或一阶段设计为单位。初步验收后应向该项目主管部门报送初步验收报告、初步决算，同时进行建设项目预转固。

11. 试运行

试运行由建设单位负责组织，供货厂商、设计、施工和维护部门参加，对设备、系统的性能、功能和各项技术指标以及设计和施工质量等进行全面考核。经过试运行，如发现有质量问题，由相关责任单位免费返修。

试运行期一般为三个月。

12. 竣工验收

竣工验收是工程建设过程的最后一个环节，是全面考核建设成果，检验设计和工程质量是否符合要求，审查投资使用是否合理的重要步骤；竣工验收对保证工程质量，促进建设项目及时投产，发挥投资效益，总结经验教训有重要作用。

竣工项目验收，建设单位向负责验收的单位提出竣工验收报告，并编制项目过程总决算，分析预（概）算执行情况，并整理出相关技术资料（包括竣工图纸、测试资料、重大障碍和事故处理记录等），清理所有财产、物资和未花完或应收回的资金等。

13. 项目后评价

项目后评价是工程项目竣工投产、生产运营一段时间后，再对项目的立项决策、设计施工、竣工投产、生产运营等全过程进行系统评价的一种技术经济活动。

通过项目后评价以达到肯定成绩、总结经验、研究问题、吸取教训、提出建议、改进工作、不断提高项目决策水平和投资效果的目的。

# 4.2　通信工程招标投标活动

## 4.2.1　通信建设工程的特点

### 1. 地域跨度大

通信基础设施建设的目的是实现通信信号覆盖，满足公众的通信信号覆盖需求。通信工程规划不能和其他行业一样只在小范围内的固定地点区域落实，而是要考虑容量以及覆盖面。

一般情况下，通信工程的区域分布都比较分散，为了确保通信容量和覆盖面能够满足通信需求，需要在一些偏远、交通不便的地区和硬件设施不完善的地区建设通信基站与传输线路。例如通信骨干网传输工程，工程项目的建设施工场地可能达到几十个甚至上百个，工程施工跨度很大，不同地区的施工环境有较大差异，一些施工地点人迹罕至，条件恶劣，项目建设难度很大，当地施工单位有着明显的熟悉本地情况的优势。

### 2. 投资额度大、单点规模小、数量多、工期短

单项通信项目一般为点状或线状形态，例如小区新建基站、道路通信线路铺设等。对于单个工程来说，施工规模通常都比较小。单点单线工程建设施工周期很短，一般几周、几个月就可能完工，最长也不会超过一年，例如典型租赁基站，从入场装修开始直至入网准备最短只需 10 日就能完成。单项工程投资规模也很小，一个基站总投资只有几万元，并且通信行业竞争比较激烈，如果项目工期延误，容易失去市场先机。

### 3. 共建工程比较多

通信工程建设项目众多，随着近些年国家移动通信事业快速的发展，用户数量不断增加。通信运营商为了参与市场竞争，在网络建设中投入的资金规模逐年增加，建设各自的覆盖网络，持续扩大规模，增强通信能力，物理资源的获取变得越来越困难，通信网络的发展也从扩大覆盖领域逐渐转变为原有网络的扩容和技术革新。新建系统往往在原有设施基础上进行共建，在这种情况下，原站点的施工方因为对工程更加了解，导致很多企业都更倾向于采用原施工方的单一来源采购形式。

## 4.2.2　通信工程招标投标活动的重点问题

### 1. 集中采购多

通信行业每年的通信建设工程立项数量多，建设规模小，周期短，并且专业性和技术难度一般，重复度很高，地区与份额分布不均。假设所有的通信建设工程单项工程都招标投标，将会出现花费费用与时间成本和招标内容有较大出入的情况。实际工程中，通信运营企业更多选择集中招标投标采购的方式，集中将某一类工程外包给更具竞争力的大型通信建设企业，例如常见的货物类集中招标与服务类集中招标。集中招标的方式有助于控制招标成本，提高招标投标与项目建设效率，也有利于吸引资质优良的投标人参与投标竞

争，从而为招标方招到合适的合作方。

**2. 信息化程度高**

通信行业作为信息产业基础网络的提供者，具有先天的信息化优势。工业和信息化部于2014 年发布了《通信工程建设项目招标投标管理办法》，鼓励按照《电子招标投标办法》进行通信工程建设项目电子招标投标。工业和信息化部建立了“通信工程建设项目招标投标管理信息平台”（以下简称“管理平台”），进行通信工程建设项目招标投标活动信息化管理。

工业和信息化部依据《招标投标法》与《招标投标法实施条例》建立了通信工程建设项目评标专家库，采用电子化的管理方案，将符合《通信工程建设项目评标专家及评标专家库管理办法》的专家纳入专家库中，营造一个公平、公正的评标专家抽取环境。

**3. 技术发展迅速，评标标准难统一，综合评估法更适用**

通信行业技术更新速度快，并且专业和地区差异很大，增加了制定价格与成本核算的难度；新技术的不断涌现，对于评标标准和评标专家的要求也日益提高。在这种情况下，很难有一个相对统一的评标标准，经评审的最低评标价法更不能适用。因此通信工程项目的招标投标，特别是服务类的招标，更加倾向于采用综合评估法，根据项目特点和地区分布情况量身定做评标标准，才能满足通信项目招标投标的需求。

**4. 项目规模日益扩大，竞争激烈**

随着运营商的网络规模日渐扩大，竞争加剧，“营改增”“提速降价”等多方面的压力增加，集中采购趋势越来越明显，在供应商、施工单位、设计单位的数量并没有减少的情况下，通信建设市场竞争日益激烈。这种情况下，推动行业加速了优胜劣汰，大型优质企业抢占更多的市场资源。

# 4.3 通信工程建设项目招标投标管理办法

## 4.3.1《通信工程建设项目招标投标管理办法》出台的意义

《通信工程建设项目招标投标管理办法》是为了规范通信工程建设项目招标投标活动而制定的法规，经 2014 年 4 月 23 日中华人民共和国工业和信息化部第 8 次部务会议审议通过，2014 年 5 月 4 日中华人民共和国工业和信息化部令第 27 号公布，自 2014 年 7 月 1 日起施行。

出台《通信工程建设项目招标投标管理办法》，是贯彻落实《招标投标法实施条例》的需要。为了解决招标投标活动中的突出问题，国务院出台了《招标投标法实施条例》，细化和完善了招标投标相关管理制度。通信工程招标投标主要依据《通信建设项目招标投标管理暂行规定》（中华人民共和国信息产业部令第 2 号）和《通信建设项目招标投标管理实施细则（试行）》（信部规〔2001〕632 号）对通信工程建设项目招标投标活动进行管理。上述文件均是在《招标投标法实施条例》公布前制定的，其中有关邀请招标、自行招标资格等的规定与《招标投标法实施条例》相关规定不一致。贯彻落实《招标投标法实施条例》，依法推进通信工程建设招标投标监管工作，需要制定该办法。

《通信建设项目招标投标管理暂行规定》和《通信建设项目招标投标管理实施细则（试行）》分别制定于 2000 年和 2001 年，对于规范通信行业招标投标市场秩序发挥了重要作

用。但近年来，随着通信行业的迅猛发展，通信工程建设项目招标投标活动发生了非常大的变化，出现了许多新情况和新问题，有关可以不进行招标的特殊情形、评标专家及评标专家库、招标项目应具备的条件等规定已不能适应招标投标监督管理工作的需要。同时，集中招标、集中资格预审、招标活动的信息化管理等活动，需要通过《通信工程建设项目招标投标管理办法》予以规范。

## 4.3.2　《通信工程建设项目招标投标管理办法》的主要内容

**1. 建立了信息化管理方式**

为了贯彻落实国家有关推进电子政务，提高行政监督效率，《通信工程建设项目招标投标管理办法》规定建立"通信工程建设项目招标投标管理平台"，对通信工程建设项目招标投标活动实行信息化管理，要求招标人选取评标专家、自行招标备案、发布资格预审公告和招标公告、公示中标候选人、报送项目实施情况通过平台进行，实行对招标投标活动的信息化管理。

**2. 细化了邀请招标的条件**

针对行业普遍反映的《招标投标法实施条例》第八条规定的"采用公开招标方式的费用占项目合同金额的比例过大"，没有量化标准、操作性不强的问题，《通信工程建设项目招标投标管理办法》规定，采用公开招标方式的费用占项目合同金额的比例超过 1.5%且采用邀请招标方式的费用明显低于公开招标方式的费用的，方可被认定为"比例过大"。

**3. 明确了招标相关文件应当载明的内容**

《通信工程建设项目招标投标管理办法》详细规定了资格预审公告、招标公告或者投标邀请书、资格预审和招标文件等应当载明的内容，要求对投标人的资格要求、审查标准和方法、评标标准和方法、中标条件等内容在资格预审文件和招标文件中详细载明，避免招标人在招标过程中随意更改或者使用未载明的标准、方法或者条件，促进招标过程透明和公开。

**4. 完善了评标标准**

为了解决实践中存在的评标标准不透明、不公正、不完善的问题，《通信工程建设项目招标投标管理办法》规定评标所采用的标准应当在招标文件中详细载明，并结合通信行业特点，分别规定了勘察设计招标项目、监理招标项目、施工招标项目和货物招标项目的评标标准。

**5. 规范了集中招标行为**

实践中，通信行业普遍采用集中招标采购方式。集中招标是将多个同类通信工程建设项目集中进行招标。集中招标不仅可以降低招标成本、提高效率，而且也节省投标成本。《通信工程建设项目招标投标管理办法》根据《招标投标法》和《招标投标法实施条例》规定的原则，对集中招标行为进行了规范，规定招标人采用集中招标的，应当遵守依法必须进行招标项目的有关规定，明确了对集中招标的规范要求。

**6. 完善了评标程序**

《通信工程建设项目招标投标管理办法》规定了投标人的异议权，并将投标人异议纳入开标记录内容，进一步细化了开标记录应当记录的内容。为了防止低于成本价中标，避免低质低价，《通信工程建设项目招标投标管理办法》规定评标委员会可以要求综合报价明显低于其他投标报价或者设有标底时明显低于标底的投标人做出书面说明并提供相关证明材料；

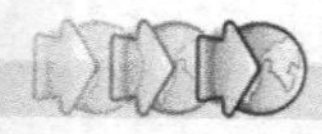


投标人不能合理说明或者不能提供相关证明材料的，评标委员会应当否决其投标。

**7. 完善了法律责任**

为了保证各项制度落到实处，《通信工程建设项目招标投标管理办法》在《招标投标法》和《招标投标法实施条例》的基础上，补充规定了未进行招标项目备案、未载明评标标准、开标过程及开标记录不符合法律规定等违法行为应承担的法律责任，并针对集中招标规定了相关违法行为的法律责任。

# 4.4 《通信工程建设项目招标投标管理办法》的具体要求

## 4.4.1 通信工程建设项目的具体内容和规模标准

《通信工程建设项目招标投标管理办法》明确了通信工程建设项目的定义及其具体内容。

第二条　在中华人民共和国境内进行通信工程建设项目招标投标活动，适用本办法。

前款所称的通信工程建设项目，是指通信工程以及与通信工程建设有关的货物、服务。其中，通信工程包括通信设施或者通信网络的新建、改建、扩建、拆除等施工；与通信工程建设有关的货物，是指构成通信工程不可分割的组成部分，且为实现通信工程基本功能所必需的设备、材料等；与通信工程建设有关的服务，是指完成通信工程所需的勘察、设计、监理等服务。

依法必须进行招标的通信工程建设项目的具体范围和规模标准，依据国家有关规定确定。

## 4.4.2 通信工程建设项目招标投标管理平台

第五条 工业和信息化部建立“通信工程建设项目招标投标管理信息平台”（以下简称“管理平台”），实行通信工程建设项目招标投标活动信息化管理。

《电子招标投标办法》第三条规定：电子招标投标系统根据功能的不同，分为交易平台、公共服务平台和行政监督平台。

交易平台是以数据电文形式完成招标投标交易活动的信息平台。公共服务平台是满足交易平台之间信息交换、资源共享需要，并为市场主体、行政监督部门和社会公众提供信息服务的信息平台。行政监督平台是行政监督部门和监察机关在线监督电子招标投标活动的信息平台。

《通信工程建设项目招标投标管理办法》明确了信息平台具有自行招标备案、招标公告和资格预审公告发布、评标专家抽取、中标候选人公示、招标投标情况报告、合同落实情况报告等功能。对照《电子招标投标办法》第三条的规定，我们可以看到，管理平台具有全国通信工程建设项目的行政监督平台和公共服务平台的部分功能。

**1. 公示候选人**

第三十七条 依法必须进行招标的通信工程建设项目的招标人应当自收到评标报告之日起3日内通过“管理平台”公示中标候选人，公示期不得少于三日。

**2. 招标备案**

第四十条 依法必须进行招标的通信工程建设项目的招标人应当自确定中标人之日起十

五日内，通过“管理平台”向通信行政监督部门提交“通信工程建设项目招标投标情况报告表”。

**3. 履行合同**

第四十二条　招标人进行集中招标的，应当在所有项目实施完成之日起三十日内通过“管理平台”向通信行政监督部门报告项目实施。

**4. 法律责任**

第四十五条　依法必须进行招标的通信工程建设项目的招标人或者招标代理机构有下列情形之一的，由通信行政监督部门责令改正，可以处三万元以下的罚款。

（1）招标人自行招标，未按规定向通信行政监督部门备案。

（2）未通过“管理平台”确定评标委员会的专家。

（3）招标人未通过“管理平台”公示中标候选人。

（4）确定中标人后，未按规定向通信行政监督部门提交招标投标情况报告。

### 4.4.3　评标标准和方法

针对通信建设项目的具体特点，《通信工程建设项目招标投标管理办法》明确了勘察设计、监理、施工以及与通信工程建设有关的货物招标项目的评标标准应该包括的内容。

**1. 勘察设计招标项目**

第十六条　勘察设计招标项目的评标标准一般包括下列内容。

（1）投标人的资质、业绩、财务状况和履约表现。

（2）项目负责人的资格和业绩。

（3）勘察设计团队人员。

（4）技术方案和技术创新。

（5）质量标准及质量管理措施。

（6）技术支持与保障。

（7）投标价格。

（8）组织实施方案及进度安排。

**2. 监理招标项目**

第十七条　监理招标项目的评标标准一般包括下列内容。

（1）投标人的资质、业绩、财务状况和履约表现。

（2）项目总监理工程师的资格和业绩。

（3）主要监理人员及安全监理人员。

（4）监理大纲。

（5）质量和安全管理措施。

（6）投标价格。

**3. 施工招标项目**

第十八条　施工招标项目的评标标准一般包括下列内容。

（1）投标人的资质、业绩、财务状况和履约表现。

（2）项目负责人的资格和业绩。

（3）专职安全生产管理人员。

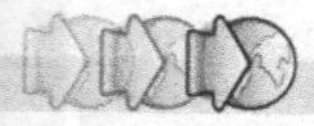


（4）主要施工设备及施工安全防护设施。

（5）质量和安全管理措施。

（6）投标价格。

（7）施工组织设计及安全生产应急预案。

**4. 与通信工程建设有关的货物招标项目**

第十九条　与通信工程建设有关的货物招标项目的评标标准一般包括下列内容。

（1）投标人的资质、业绩、财务状况和履约表现。

（2）投标价格。

（3）技术标准及质量标准。

（4）组织供货计划。

（5）售后服务。

## 4.4.4　多标段中标问题

由于通信网络规模较大，又多采用集中招标的方式，考虑投标人实施能力的问题，通常会在招标文件中划分多标段进行招标。为了规范多标段中标问题，《通信工程建设项目招标投标管理办法》第二十一条规定，通信工程建设项目需要划分标段的，招标人应当在招标文件中载明允许投标人中标的最多标段数。

在现实中常出现招标文件中允许投标人对多个标段投标，但同时规定了每个投标人最多只能中一个标段的问题，这样可能会出现投标人在多个标段都是第一中标候选人的情况。为了避免这种情况，可以采取以下处理方法。

（1）投标人在投标函中自行声明中标标段选择顺序。

（2）在招标文件中约定中标标段选择顺序。

（3）按照投标报价从高到低选择中标标段。

（4）按照合计中标价从低到高的顺序选择中标标段。

## 4.4.5　集中招标

实际工程中，通信运营企业更多选择集中招标投标采购的方式。集中某一类工程进行招标，提高了招标工作的效率。《通信工程建设项目招标投标管理办法》对集中招标列出了一系列的条款进行规范。

第二十二条　通信工程建设项目已确定投资计划并落实资金来源的，招标人可以将多个同类通信工程建设项目集中进行招标。

招标人进行集中招标的，应当遵守《招标投标法》《实施条例》和本办法有关依法必须进行招标的项目的规定。

第二十三条　招标人进行集中招标的，应当在招标文件中载明工程或者有关货物、服务的类型，预估招标规模，中标人数量及每个中标人对应的中标份额等；对与工程或者有关服务进行集中招标的，还应当载明每个中标人对应的实施地域。

第三十五条　评标完成后，评标委员会应当根据《招标投标法》和《招标投标法实施条例》的有关规定向招标人提交评标报告和中标候选人名单。

招标人进行集中招标的，评标委员会应当推荐不少于招标文件载明的中标人数量的中标候选人，并标明排序。

第三十八条　招标人应当根据《招标投标法》和《招标投标法实施条例》的有关规定确定中标人。

招标人进行集中招标的，应当依次确定排名靠前的中标候选人为中标人，且中标人数量及每个中标人对应的中标份额等应当与招标文件载明的内容一致。招标人与中标人订立的合同中应当明确中标价格、预估合同份额等主要条款。

中标人不能履行合同的，招标人可以按照评标委员会提出的中标候选人名单排序依次确定其他中标候选人为中标人，也可以对中标人的中标份额进行调整，但应当在招标文件中载明调整规则。

第四十二条　招标人进行集中招标的，应当在所有项目实施完成之日起三十日内通过“管理平台”向通信行政监督部门报告项目实施情况。

### 4.4.6　集中资格预审

结合集中招标的方式，通信建设项目也多采用集中资格预审的方式。《通信工程建设项目招标投标管理办法》第二十四条规定，招标人可以对多个同类通信工程建设项目的潜在投标人进行集中资格预审。招标人进行集中资格预审的，应当发布资格预审公告，明确集中资格预审的适用范围和有效期限，并且应当预估项目规模，合理设定资格、技术和商务条件，不得限制、排斥潜在投标人。

招标人进行集中资格预审，应当遵守国家有关勘察、设计、施工、监理等资质管理的规定。

集中资格预审后，通信工程建设项目的招标人应当继续完成招标程序，不得直接发包工程；直接发包工程的，属于《招标投标法》第四条规定的规避招标。

### 4.4.7　评标委员会分组的概念

由于通信工程建设项目通常技术复杂，评审工作量大，评标时多采用分组评审的方式，针对这一特点，《通信工程建设项目招标投标管理办法》第三十一条和第三十五条对此做出了规范。

第三十一条　依法必须进行招标的通信工程建设项目技术复杂、评审工作量大，其评标委员会需要分组评审的，每组成员人数应为五人以上，且每组每个成员应对所有投标文件进行评审。评标委员会的分组方案应当经全体成员同意。

第三十五条　评标委员会分组的，应当形成统一、完整的评标报告。

### 4.4.8　招标档案

《招标投标法》及《招标投标法实施条例》都对招标项目备案做了相关要求。《通信工程建设项目招标投标管理办法》对其进行了细化，第四十一条规定：招标人应建立完整的招标档案，并按国家有关规定保存。招标档案应当包括下列内容。

（1）招标文件。

（2）中标人的投标文件。

（3）评标报告。

（4）中标通知书。

（5）招标人与中标人签订的书面合同。

（6）向通信行政监督部门提交的“通信工程建设项目自行招标备案表”（见表 4-1）“通信工程建设项目招标投标情况报告表”（见表 4-2 和表 4-3）。

（7）其他需要存档的内容。

表 4-1　　通信工程建设项目自行招标备案表

一、招标人名称：

二、招标项目名称：

三、立项批复文件或者采购立项批准文件（附复印件）

四、招标规模：

五、招标项目类型：施工□、设备□、材料□、软件□、勘察□、设计□、监理□、其他□

六、发布资格预审公告、招标公告或者发出投标邀请书的时间：

七、拟发售资格预审文件、招标文件的时间：

八、拟开标时间：

九、项目说明（简要说明项目基本情况）：

十、拟采用的招标方式：公开招标□、邀请招标□（如选择邀请招标，需说明理由）

十一、标段或者标包情况（如有）

| 序号 | 标段或者标包名称 | 预估规模 | 备注 |
|---|---|---|---|
| | | | |
| | | | |
| | | | |

十二、负责本次招标的部门：

十三、招标工作人员情况

1. 招标负责人情况

| 姓名 | 工作部门 | 职务 | 职称 | 专业 | 招标职业资格证书号（如有） | 参加招标投标法律法规培训情况 | 同类项目招标业绩 |
|---|---|---|---|---|---|---|---|
| | | | | | | | |

2. 招标文件编制人员情况

| 姓名 | 工作部门 | 职务 | 职称 | 专业 | 参加招标投标法律法规培训情况 |
|---|---|---|---|---|---|
| | | | | | |
| | | | | | |

十四、招标文件（附复印件）

注：一次备案仅适用于一次招标活动。

表 4-2　通信工程建设项目招标投标情况报告表

（适用于按项目招标）

一、招标项目名称：

二、招标项目立项批复文件（附复印件）

三、招标项目概况

1. 建设地点：

2. 建设规模：

3. 资金来源：

4. 计划开竣工时间：　　自　　年　　月开工，　　年　　月竣工。

四、招标情况

1. 招标人名称：

2. 招标项目类型：施工□、设备□、材料□、软件□、勘察□、设计□、监理□、其他□

3. 招标方式：公开招标□、邀请招标□（如为邀请招标，需说明理由）

4. 发布资格预审公告、招标公告或者发出投标邀请书的时间：

5. 发售资格预审文件、招标文件的时间：

| 6. 招标代理机构名称（如有） | | 资质等级及证书编号 | |
|---|---|---|---|

7. 本次招标标底总价（如有）：

五、资格预审情况

1. 资格审查委员会人数：　人，其中专家：　人

2. 审查专家情况

| 序号 | 姓名 | 职务 | 职称 | 专业 | 专家编号 |
|---|---|---|---|---|---|
| | | | | | |
| | | | | | |

3. 招标人代表情况

| 序号 | 姓名 | 职务 | 职称 | 专业 | 工作部门 |
|---|---|---|---|---|---|
| | | | | | |

4. 资格预审结果：

六、投标情况

1. 投标人：

| 2. 开标时间： | | 3. 开标地点： | |
|---|---|---|---|

七、评标情况

1. 评标委员会人数：　　人，其中专家：　人

2. 评标委员会分组情况（如有）：

3. 评标专家情况

| 序号 | 姓名 | 职务 | 职称 | 专业 | 专家编号 |
|---|---|---|---|---|---|
| | | | | | |
| | | | | | |

续表

4. 招标人代表情况

| 序号 | 姓名 | 职务 | 职称 | 专业 | 工作部门 |
|---|---|---|---|---|---|
| | | | | | |

5. 评标方法：综合评估法□、经评审的最低投标价法□、其他评标方法□

6. 资格后审结果（如有）：

7. 评标委员会推荐的中标候选人（未划分标段时，无须提供标段信息）：

| 标段序号 | 标段名称 | 推荐的中标候选人（按顺序排列） |
|---|---|---|
| | | |
| | | |

8. 招标人直接确定评标专家的理由（如有）：

八、中标候选人公示时间及媒介：

九、中标情况（未划分标段时，无须提供标段信息）

| 标段序号 | 标段名称 | 中标人名称 | 中标价格 | 中标通知书发出时间 | 中标通知书（附复印件） |
|---|---|---|---|---|---|
| | | | | | |
| | | | | | |

十、其他附件材料

1. 委托代理协议（附复印件）

2. 招标文件（附复印件）

3. 评标报告（附复印件）

4. 开标一览表（附复印件）

5. 其他需要说明的问题及材料（附复印件）

表 4-3

通信工程建设项目招标投标情况报告表

（适用于集中招标）

一、集中招标项目名称：

二、招标采购立项批准文件（附复印件）

三、招标采购规模：

四、资金来源：

五、招标情况

1. 招标人名称：

2. 招标项目类型：施工□、设备□、材料□、软件□、勘察□、设计□、监理□、其他□

3. 招标方式：公开招标□、邀请招标□（如为邀请招标，需说明理由）

4. 发布资格预审公告、招标公告或者发出投标邀请书的时间：

5. 发售资格预审文件、招标文件的时间：

| 6. 招标代理机构名称（如有） | | 资质等级及证书编号 | |
|---|---|---|---|

7. 本次招标标底总价（如有）：

六、资格预审情况

1. 资格审查委员会人数：　人，其中专家：　人

续表

2. 审查专家情况

| 序号 | 姓名 | 职务 | 职称 | 专业 | 专家编号 |
|---|---|---|---|---|---|
| | | | | | |
| | | | | | |

3. 招标人代表情况

| 序号 | 姓名 | 职务 | 职称 | 专业 | 工作部门 |
|---|---|---|---|---|---|
| | | | | | |

4. 资格预审结果：

七、投标情况

1. 投标人：

2. 开标时间：　　3. 开标地点：

八、评标情况

1. 评标委员会人数：　　　　人，其中专家：　　　　人

2. 评标委员会分组情况（如有）：

3. 评标专家情况

| 序号 | 姓名 | 职务 | 职称 | 专业 | 专家编号 |
|---|---|---|---|---|---|
| | | | | | |

4. 招标人代表情况

| 序号 | 姓名 | 职务 | 职称 | 专业 | 工作部门 |
|---|---|---|---|---|---|
| | | | | | |

5. 评标方法：综合评估法□、经评审的最低投标价法□、其他评标方法□

6. 资格后审结果（如有）：

7. 评标委员会推荐的中标候选人（未划分标段时，无须提供标段信息）：

| 标段序号 | 标段名称 | 推荐的中标候选人（按顺序排列） |
|---|---|---|
| | | |
| | | |
| | | |

8. 招标人直接确定评标专家的理由（如有）：

九、中标候选人公示时间及媒介：

十、中标情况（未划分标段时，无须提供标段信息）

| 标段序号 | 标段名称 | 中标人名称 | 中标价格 | 中标份额 | 中标通知书发出时间 | 中标通知书（附复印件） | 备注 |
|---|---|---|---|---|---|---|---|
| | | | | | | | |
| | | | | | | | |
| | | | | | | | |

注：施工、勘察、设计、监理集中招标时，备注中应填写中标人对应的工程实施地域。

续表

| 十一、其他附件材料 |
|---|
| 1. 委托代理协议（附复印件） |
| 2. 招标文件（附复印件） |
| 3. 评标报告（附复印件） |
| 4. 开标一览表（附复印件） |
| 5. 其他需要说明的问题及材料（附复印件） |

# 4.5 《通信工程建设项目招标投标管理办法》的细化规定

《通信工程建设项目招标投标管理办法》对《招标投标法》及其实施条例的部分内容提出了细化的要求，进一步规范了通信工程建设项目招标投标工作。

## 4.5.1 邀请招标的细化条件

《招标投标法》对邀请招标有两种实施条件，其中第二款中的“采用公开招标方式的费用占项目合同金额的比例过大”，对“过大”的界定一直没有明确的标准。《通信工程建设项目招标投标管理办法》第六条对该条件进行了细化。

第六条 国有资金占控股或者主导地位的依法必须进行招标的通信工程建设项目，应当公开招标；但有下列情形之一的，可以邀请招标。

（1）技术复杂、有特殊要求或者受自然环境限制，只有少量潜在投标人可供选择。

（2）采用公开招标方式的费用占项目合同金额的比例过大。

有前款第一项所列情形，招标人邀请招标的，应当向其知道的或者应当知道的全部潜在投标人发出投标邀请书。采用公开招标方式的费用占项目合同金额的比例超过 1.5%，且采用邀请招标方式的费用明显低于公开招标方式的费用的，方可被认定为有本条第一款第二项所列情形。

## 4.5.2 可以不进行招标的情形

《通信工程建设项目招标投标管理办法》第七条，对可以不进行招标的情形进行了细化。在《招标投标法》及其实施条例规定之外，针对潜在投标人的数量较少的情况做了补充说明。

第七条 除《招标投标法》第六十六条和《招标投标法实施条例》第九条规定的可以不进行招标的情形外，潜在投标人少于三个的，可以不进行招标。

招标人为适用前款规定弄虚作假的，属于《招标投标法》第四条规定的规避招标。

《招标投标法》第六十六条规定，涉及国家安全、国家秘密、抢险救灾或者属于利用扶贫资金实行以工代赈、需要使用农民工等的特殊情况，不适宜进行招标的项目，按照国家有关规定可以不进行招标。

《招标投标法实施条例》第九条规定，除招标投标法第六十六条规定的可以不进行招标的特殊情况外，有下列情形之一的，可以不进行招标。

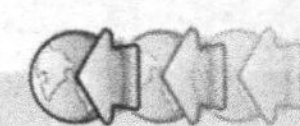

（1）需要采用不可替代的专利或者专有技术。

（2）采购人依法能够自行建设、生产或者提供。

（3）已通过招标方式选定的特许经营项目投资人依法能够自行建设、生产或者提供。

（4）需要向原中标人采购工程、货物或者服务，否则将影响施工或者功能配套要求。

（5）国家规定的其他特殊情形。

### 4.5.3　资格预审的细化规定

针对资格审查的情况，《通信工程建设项目招标投标管理办法》第十条、第十一条和第十二条分别对资格预审公告的发布、其所含的内容以及资格预审文件的组成提出了细化规定。

第十条　公开招标的项目，招标人采用资格预审办法对潜在投标人进行资格审查的，应当发布资格预审公告、编制资格预审文件。招标人发布资格预审公告后，可不再发布招标公告。

依法必须进行招标的通信工程建设项目的资格预审公告和招标公告，除在国家发展和改革委员会依法指定的媒介发布外，还应当在“管理平台”发布。在不同媒介发布的同一招标项目的资格预审公告或者招标公告的内容应当一致。

第十一条　资格预审公告、招标公告或者投标邀请书应当载明下列内容。

（1）招标人的名称和地址。

（2）招标项目的性质、内容、规模、技术要求和资金来源。

（3）招标项目的实施或者交货时间和地点要求。

（4）获取招标文件或者资格预审文件的时间、地点和方法。

（5）对招标文件或者资格预审文件收取的费用。

（6）提交资格预审申请文件或者投标文件的地点和截止时间。

招标人对投标人的资格要求，应当在资格预审公告、招标公告或者投标邀请书中载明。

第十二条　资格预审文件一般包括下列内容。

（1）资格预审公告。

（2）申请人须知。

（3）资格要求。

（4）业绩要求。

（5）资格审查标准和方法。

（6）资格预审结果的通知方式。

（7）资格预审申请文件格式。

资格预审应当按照资格预审文件载明的标准和方法进行，资格预审文件没有规定的标准和方法不得作为资格预审的依据。

### 4.5.4　标准文本的内容要求

国家大力推行招标投标标准文本的使用，《通信工程建设项目招标投标管理办法》在第十三条对招标文件的内容提出了要求，并在第十五条规定了标准文本的使用。

第十三条　招标人应当根据招标项目的特点和需要编制招标文件。招标文件一般包括下

列内容。

（1）招标公告或者投标邀请书。

（2）投标人须知。

（3）投标文件格式。

（4）项目的技术要求。

（5）投标报价要求。

（6）评标标准、方法和条件。

（7）网络与信息安全有关要求。

（8）合同主要条款。

招标文件应当载明所有评标标准、方法和条件，并能够指导评标工作，在评标过程中不得做任何改变。

第十五条　编制依法必须进行招标的通信工程建设项目资格预审文件和招标文件，应当使用国家发展和改革委员会会同有关行政监督部门制定的标准文本及工业和信息化部制定的范本。

国务院发展改革部门会同有关行政监督部门制定的标准文本，目前包括国家发展和改革委员会、财政部、建设部（现住房和城乡建设部）、铁道部、交通部（现交通运输部）、信息产业部（现工业和信息化部）、水利部、民用航空总局（现中国民用航空局）、国家广播电视总局于 2007 年联合发布的《标准施工招标资格预审文件》和《标准施工招标文件》；国家发展和改革委员会、工业和信息化部、财政部、住房和城乡建设部、交通运输部、铁道部、水利部、国家广播电视总局、中国民用航空局于 2011 年联合发布的《简明标准施工招标文件》和《标准设计施工总承包招标文件》（2012 年 5 月 1 日起实施）；工业和信息化部制定的范本，目前包括 2009 年工业和信息化部发布的《通信建设项目施工招标文件范本（试行）》和《通信建设项目货物招标文件范本（试行）》。

## 4.5.5　否决投标的情形

《通信工程建设项目招标投标管理办法》第三十三条和三十四条对否决投标的情况进行了细化说明。

第三十三条　评标过程中，评标委员会收到低于成本价投标的书面质疑材料、发现投标人的综合报价明显低于其他投标报价或者设有标底时明显低于标底，认为投标报价可能低于成本的，应当书面要求该投标人做出书面说明并提供相关证明材料。招标人要求以某一单项报价核定是否低于成本的，应当在招标文件中载明。

投标人不能合理说明或者不能提供相关证明材料的，评标委员会应当否决其投标。

第三十四条　投标人以他人名义投标或者投标人经资格审查不合格的，评标委员会应当否决其投标。

部分投标人在开标后撤销投标文件或者部分投标人被否决投标后，有效投标不足三个且明显缺乏竞争的，评标委员会应当否决全部投标。有效投标不足三个，评标委员会未否决全部投标的，应当在评标报告中说明理由。

依法必须进行招标的通信工程建设项目，评标委员会否决全部投标的，招标人应当重新招标。

### 4.5.6　踏勘现场和投标预备会的细化规定

《通信工程建设项目招标投标管理办法》第二十五条对踏勘项目现场和召开投标预备会的时间及对象做出了细化规定。

第二十五条　招标人根据招标项目的具体情况，可以在发售招标文件截止之日后，组织潜在投标人踏勘项目现场和召开投标预备会。

招标人组织潜在投标人踏勘项目现场或者召开投标预备会的，应当向全部潜在投标人发出邀请。

### 4.5.7　开标前的细化规定

《通信工程建设项目招标投标管理办法》第二十六条对投标文件的签收以招标人拒收的情况进行了具体说明；第二十七条说明了开标时的特殊情况处理，特别提出了“投标人认为存在低于成本价投标情形的，可以在开标现场提出异议”的规定；第二十八条对开标记录的内容做了详细规定。

第二十六条　投标人应当在招标文件要求的提交投标文件的截止时间前，将投标文件送达投标地点。通信工程建设项目划分标段的，投标人应当在投标文件上标明相应的标段。

未通过资格预审的申请人提交的投标文件，以及逾期送达或者不按照招标文件要求密封的投标文件，招标人应当拒收。

招标人收到投标文件后，不得开启，并应当如实记载投标文件的送达时间和密封情况，存档备查。

第二十七条　通信工程建设项目投标人少于三个的，不得开标，招标人在分析招标失败的原因并采取相应措施后，应当依法重新招标。

划分标段的通信工程建设项目某一标段的投标人少于三个的，该标段不得开标，招标人在分析招标失败的原因并采取相应措施后，应当依法对该标段重新招标。

投标人认为存在低于成本价投标情形的，可以在开标现场提出异议，并在评标完成前向招标人提交书面材料。招标人应当及时将书面材料转交评标委员会。

第二十八条　招标人应当根据《招标投标法》和《招标投标法实施条例》的规定开标，记录开标过程并存档备查。招标人应当记录下列内容。

（1）开标时间和地点。

（2）投标人名称、投标价格等唱标内容。

（3）开标过程是否经过公证。

（4）投标人提出的异议。

开标记录应当由投标人代表、唱标人、记录人和监督人签字。

因不可抗力或者其他特殊原因需要变更开标地点的，招标人应提前通知所有潜在投标人，确保其有足够的时间能够到达开标地点。

### 4.5.8 评标委员会的细化规定

《通信工程建设项目招标投标管理办法》第二十九条对评标专家的条件进行了详细说明，掌握通信新技术的特殊人才可以认为符合评标专家技术要求；第三十条对评标委员的确定方式进行了规定。

第二十九条　评标由招标人依法组建的评标委员会负责。

通信工程建设项目评标委员会的专家成员应当具备下列条件。

（1）从事通信相关领域工作满八年并具有高级职称或者同等专业水平。掌握通信新技术的特殊人才经工作单位推荐，可以视为具备本项规定的条件。

（2）熟悉国家和通信行业有关招标投标以及通信建设管理的法律、行政法规和规章，并具有与招标项目有关的实践经验。

（3）能够认真、公正、诚实、廉洁地履行职责。

（4）未因违法、违纪被取消评标资格或者未因在招标、评标以及其他与招标投标有关活动中从事违法行为而受过行政处罚或者刑事处罚。

（5）身体健康，能够承担评标工作。

工业和信息化部统一组建和管理通信工程建设项目评标专家库，各省、自治区、直辖市通信管理局负责本行政区域内评标专家的监督管理工作。

第三十条　依法必须进行招标的通信工程建设项目，评标委员会的专家应当从通信工程建设项目评标专家库内相关专业的专家名单中采取随机抽取方式确定。个别技术复杂、专业性强或者国家有特殊要求，采取随机抽取方式确定的专家难以保证胜任评标工作的招标项目，可以由招标人从通信工程建设项目评标专家库内相关专业的专家名单中直接确定。

依法必须进行招标的通信工程建设项目的招标人应当通过“管理平台”抽取评标委员会的专家成员，通信行政监督部门可以对抽取过程进行远程监督或者现场监督。

### 4.5.9 评标标准和方法的细化规定

通信工程建设项目多为技术先进、建设复杂的项目，《通信工程建设项目招标投标管理办法》第二十条规定，鼓励通信工程建设项目使用综合评估法进行评标。

第二十条　评标方法包括综合评估法、经评审的最低投标价法或者法律、行政法规允许的其他评标方法。

鼓励通信工程建设项目使用综合评估法进行评标。

### 4.5.10 低于成本价投标处理的细化规定

《通信工程建设项目招标投标管理办法》第二十七条和第三十三条规定了低于成本价投标的处理方法。

第二十七条　投标人认为存在低于成本价投标情形的，可以在开标现场提出异议，并在评标完成前向招标人提交书面材料。招标人应当及时将书面材料转交评标委员会。

第三十三条　评标过程中，评标委员会收到低于成本价投标的书面质疑材料、发现投标人的综合报价明显低于其他投标报价或者设有标底时明显低于标底，认为投标报价可能低于

成本的，应当书面要求该投标人做出书面说明并提供相关证明材料。

招标人要求以某一单项报价核定是否低于成本的，应当在招标文件中载明。投标人不能合理说明或者不能提供相关证明材料的，评标委员会应当否决其投标。

### 4.5.11　评标报告的细化规定

《通信工程建设项目招标投标管理办法》第三十六条对于评标报告的内容进行了细化。

第三十六条　评标报告应当包括下列内容。

（1）基本情况。

（2）开标记录和投标一览表。

（3）评标方法、评标标准或者评标因素一览表。

（4）评标专家评分原始记录表和否决投标的情况说明。

（5）经评审的价格或者评分比较一览表和投标人排序。

（6）推荐的中标候选人名单及其排序。

（7）签订合同前要处理的事宜。

（8）澄清、说明、补正事项纪要。

（9）评标委员会成员名单及本人签字、拒绝在评标报告上签字的评标委员会成员名单及其陈述的不同意见和理由。

其中本办法相比《评标委员会和评标办法暂行规定》提出的细化内容包括：第（4）款，评标专家评分原始记录表；第（9）款，评标委员会成员的本人签字、拒绝在评标报告上签字的评标委员会成员名单及其陈诉的不同意见和理由。

### 4.5.12　合同实质性内容的细化规定

《通信工程建设项目招标投标管理办法》第三十九条规定，在确定中标人之前，招标人不得与投标人就投标价格、投标方案等实质性内容进行谈判。

招标人不得向中标人提出压低报价、增加工作量、增加配件、增加售后服务量、缩短工期或其他违背中标人的投标文件实质性内容的要求。

关于合同实质性内容的规定，《招标投标法》第四十三条规定，在确定中标人前，招标人不得与投标人就投标价格、投标方案等实质性内容进行谈判。

《招标投标法实施条例》第五十七条规定，招标人和中标人应当依照招标投标法和本条例的规定签订书面合同，合同的标的、价款、质量、履行期限等主要条款应当与招标文件和中标人的投标文件的内容一致。招标人和中标人不得再行订立背离合同实质性内容的其他协议。

本办法针对通信项目的特点，将工作量、配件、售后服务量等内容明确细化。

## 4.6　《通信工程建设项目招标投标管理办法》规定的法律责任

### 4.6.1　终止招标的法律责任

第四十四条　招标人在发布招标公告、发出投标邀请书或者售出招标文件或资格预审文

件后无正当理由终止招标的，由通信行政监督部门处以警告，可以并处一万元以上三万元以下的罚款。

对比《招标投标法实施条例》第三十一条的规定，招标人终止招标的，应当及时发布公告，或者以书面形式通知被邀请的或者已经获取资格预审文件、招标文件的潜在投标人。已经发售资格预审文件、招标文件或者已经收取投标保证金的，招标人应当及时退还所收取的资格预审文件、招标文件的费用，以及所收取的投标保证金及银行同期存款利息。

本办法细化了予以行政处罚的主管部门为通信行政主管部门（工业和信息化部，各省、自治区、直辖市通信管理局），并明确了罚款的金额为一万元以上三万元以下。

### 4.6.2 招标人的法律责任

《通信工程建设项目招标投标管理办法》第四十六条和第四十七条详细规定了招标人应负的法律责任。

第四十六条　招标人有下列情形之一的，由通信行政监督部门责令改正，可以处 3 万元以下的罚款，对单位直接负责的主管人员和其他直接责任人员依法给予处分；对中标结果造成实质性影响，且不能采取补救措施予以纠正的，招标人应当重新招标或者评标。

（1）编制的资格预审文件、招标文件中未载明所有资格审查或者评标的标准和方法。

（2）招标文件中含有要求投标人多轮次报价、投标人保证报价不高于历史价格等违法条款。

（3）不按规定组建资格审查委员会。

（4）投标人数量不符合法定要求时未重新招标而直接发包。

（5）开标过程、开标记录不符合《招标投标法》《招标投标法实施条例》和本办法的规定。

（6）违反《招标投标法实施条例》第三十二条的规定限制、排斥投标人。

（7）以任何方式要求评标委员会成员以其指定的投标人作为中标候选人、以招标文件未规定的评标标准和方法作为评标依据，或者以其他方式非法干涉评标活动，影响评标结果。

第四十七条　招标人进行集中招标或者集中资格预审，违反本办法第二十三条、第二十四条、第三十五条或者第三十八条规定的，由通信行政监督部门责令改正，可以处三万元以下的罚款。

### 4.6.3 对通信行政监督部门的要求

《通信工程建设项目招标投标管理办法》第三条明确规定了对通信工程建设项目招标投标活动实施监督的行政部门为工业和信息化部和各省、自治区、直辖市通信管理局，并于第四十八条规定了监督部门的工作内容。

第三条　工业和信息化部和各省、自治区、直辖市通信管理局（以下统称为“通信行政监督部门”）依法对通信工程建设项目招标投标活动实施监督。

第四十八条　通信行政监督部门建立通信工程建设项目招标投标情况通报制度，定期通报通信工程建设项目招标投标总体情况、公开招标及招标备案情况、重大违法违约事件等信息。

### 4.6.4　《通信工程建设项目招标投标管理办法》实施要求

《通信工程建设项目招标投标管理办法》是工业和信息化部出台的部门规章。根据《立法法》的规定，部门规章是法律的重要组成部分，必须严格遵守。通信工程建设项目招标投标活动中，招标人、投标人和招标代理机构等主体必须按照《通信工程建设项目招标投标管理办法》规定的程序、要求和条件等发布招标文件、制定评标标准、提交投标文件、开展评标。通信行政监督部门要加强培训和学习，提高依法行政能力和水平，开展好执法活动，督促通信工程建设项目招标投标活动各参与主体落实《通信工程建设项目招标投标管理办法》设定的各项制度，同时要运行和维护好管理信息平台和通信工程建设项目评标专家库，做好服务工作。

《通信工程建设项目招标投标管理办法》是适用于通信工程领域招标投标活动的专门立法。除《通信工程建设项目招标投标管理办法》外，招标投标活动还要遵守《招标投标法》《招标投标法实施条例》和《工程建设项目招标范围和规模标准》等的规定，严格落实国家招标投标管理制度，提高经济效益，保证项目质量。

## 习题

（1）通信工程招标投标的活动的特点包括________、________、________、________。

（2）通信工程建设项目，是指________以及________。

（3）《通信工程建设项目招标投标管理办法》规定，工业和信息化部建立________，实行通信工程建设项目招标投标活动信息化管理。

（4）招标人自行招标，未按规定向通信行政监督部门备案的，由通信行政监督部门责令改正，可以处________以下的罚款。

（5）采用公开招标方式的费用占项目合同金额的比例超过________，且采用邀请招标方式的费用明显低于公开招标方式的费用的，可以认为是采用公开招标方式的费用占项目合同金额的比例过大。

（6）《通信工程建设项目招标投标管理办法》规定除《招标投标法》第六十六条和《招标投标法实施条例》第九条规定的可以不进行招标的情形外，潜在投标人少于________的，可以不进行招标。

（7）开标记录应当由________、________、________和________签字。

（8）简述《通信工程建设项目招标投标管理办法》的主要内容。

（9）简述施工招标项目的评标标准。

（10）简述以不合理的条件限制、排斥潜在投标人或者投标人的行为。

（11）简述资格预审文件的主要内容。

# 第 5 章 电子招标投标的应用

**学习目标**

- 掌握电子招标投标的定义、依据、形式和监管部门。
- 理解电子招标投标的优势和开展的条件。
- 熟悉电子招标投标平台的架构、功能和系统接口。
- 掌握电子招标投标可能存在的问题和解决方案。

为使全国统一的招标投标信息互联互通和共建共享，电子招标投标已经成为节约资源，提高交易效率，促进信息公开，打破分割封闭，转变行政监督方式，加强市场主体诚信自律和社会监督等方面的重要技术支撑。特别是在《电子招标投标办法》和《电子招标投标系统技术规范》制定之后，电子招标投标被赋予与纸质招标投标活动同等的法律效力，电子招标投标已经成为招标投标行业的重要内容。特别是在通信建设领域，各大运营商已经开展，并将进一步深化电子招标投标的范畴。可以预见，随着电子招标投标经验的积累，相关问题在技术层面得到解决。在不久的将来，电子招标投标的比重将不断加大，甚至在某些招标活动中完全取代纸质招标投标。

## 5.1 电子招标投标概述

### 5.1.1 电子招标投标的定义

根据《电子招标投标办法》第二条规定：电子招标投标活动是指以数据电文形式，依托电子招标投标系统完成的全部或者部分招标投标交易、公共服务和行政监督活动。数据电文形式与纸质形式的招标投标活动具有同等法律效力。

### 5.1.2 电子招标投标的法律依据

为了规范电子招标投标活动，促进电子招标投标健康发展，根据《招标投标法》《招标投标法实施条例》，制定《电子招标投标办法》。

### 5.1.3 电子招标投标的形式

电子招标投标系统根据功能的不同，分为交易平台、公共服务平台和行政监督平台。

交易平台是以数据电文形式完成招标投标交易活动的信息平台。公共服务平台是满足交易平台之间信息交换、资源共享需要，并为市场主体、行政监督部门和社会公众提供信息服务的信息平台。行政监督平台是行政监督部门和监察机关在线监督电子招标投标活动的信息平台。

电子招标投标系统的开发、检测、认证、运营应当遵守《电子招标投标办法》及所附《电子招标投标系统技术规范》。

电子开标应当按照招标文件确定的时间在电子招标投标交易平台上公开进行，所有投标人均应当准时在线参加开标。

### 5.1.4 电子招标投标的监管部门

国务院发展改革部门负责指导协调全国电子招标投标活动，各级地方人民政府发展改革部门负责指导协调本行政区域内的电子招标投标活动。各级人民政府发展改革、工业和信息化、住房城乡建设、交通运输、铁道、水利、商务等部门，按照规定的职责分工，对电子招标投标活动实施监督，依法查处电子招标投标活动中的违法行为。

依法设立的招标投标交易场所的监管机构负责督促、指导招标投标交易场所推进电子招标投标工作，配合有关部门对电子招标投标活动实施监督。

省级以上人民政府有关部门对本行政区域内电子招标投标系统的建设、运营，以及相关检测、认证活动实施监督。

监察机关依法对与电子招标投标活动有关的监察对象实施监察。

## 5.2 开展电子招标投标的优势

### 5.2.1 电子招标投标与传统招标投标的差异

电子招标投标与传统招标投标在招标投标工作的各个环节存在以下差异。

**1. 投标人注册环节**

传统招标投标：纸质提交供应商调查表；招标公司人员自行录入招标投标系统。

电子招标投标：由投标人网上自行注册；投标人信息（包括企业信息、资质文件）等自助维护。

**2. 招标项目立项环节**

传统招标投标：保留纸质合同；人工分配合同编号；人工领取招标编号；信息不共享。

电子招标投标：合同内容标准化；可根据工作负荷分配；招标信息和委托联动共享；招标编号自动生成；设定操作权限，灵活授权。

3. **招标文件编制环节**

传统招标投标：招标文件需根据历史招标文件或范本人工制作文档；采取复制粘贴的制作方式；招标文件审核工作量大；招标文件发出流转周期长。

电子招标投标：根据文件模板标准定义；自动生成招标文件初稿；自动合成招标文件；自动转成 PDF 文件；自动加盖电子印章；招标文件编制人员只需审核可变数据，无需全部审核。

4. **招标公告发布环节**

传统招标投标：需专人在相关媒体发布公告。

电子招标投标：系统自动进行各网络媒体的公告发布；可以和国际招标网做接口；支持和其他公共平台对接。

5. **招标文件出售环节**

传统招标投标：需专人进行标书出售工作，投标人也需要到指定地点购买；工作量非常大；标书打印成本高；标书发票邮寄频繁；财务对账困难。

电子招标投标：投标人网上自行购买；网上支付成功立即下载；无须专人出售标书，无须投标人支出交通费用和时间；大大解放财务人员工作量；发票快递单可套打联打；财务对账更为简便。

6. **标前澄清补疑环节**

传统招标投标：需组织标前现场答疑会；潜在投标人信息在现场答疑会上很难保密；另外澄清补遗文件需要用传真邮件发送，并逐一通知，工作量大且容易出错。

电子招标投标：可进行网上答疑、澄清和补遗；避免投标人标前见面，保证潜在投保人的信息保密；澄清通知可通过系统下发短信提醒；投标人自行下载澄清文件；减轻招标投标双方的工作量。

7. **投标环节**

传统招标投标：需打印装订纸质投标书；投标标书一般至少一正本四副本，造成了投标人高额的投标成本；同时，根据法规要求，需要进行签章，投标文件逐页小签，耗费了被授权委托人大量的时间；后期修改也会对纸质文件带来很大影响。

电子招标投标：可以制作电子投标书；电子投标书采用离线制作，不需要到图文社印刷，保证了标书的信息安全，降低了成本；电子招标投标系统采用电子签章形式，保密性高，同时网上投递很方便。

8. **开标环节**

传统招标投标：需要赶赴开标现场，标书作为重要文件也需要随身携带，为了避免飞机延误等问题出现，多数单位都两路出发，飞机加高铁的双重路线保证在投标截止时间前到达现场。同时也会给投标人带来高额的差旅费用。

电子招标投标：采用网上开标的形式，避免长途差旅的辛苦和麻烦；同时有一系列的加密解密方式，整个开标流程规范透明，降低了投标的成本，并方便监督。

9. **评标环节**

传统招标投标：评标委员会委员翻阅纸质标书；评委打分后，自行计算；标书信息量巨大，很难进行精确的指标对比；整个评审过程工作量很大，评审过程难免会出现错漏，并不能精细化评审。

电子招标投标：相对集中式远程异地评标；系统自动抓取招标投标数据；自动进行横向

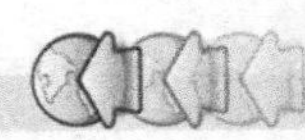



对比分析；专家在计算机上打分，由系统自动汇总、计算，避免了汇总错误；同时可以实现精细化的评审；大大减轻评委的工作量。

**10. 定标环节**

传统招标投标：采用手工编制评标报告；并由专人在相关媒体发布公告公示；手工编制中标通知书；以传真、电话的方式逐一通知投标人，容易出现错漏。

电子招标投标：评标报告、公告公示、中标通知书均可根据模板自动生成；系统可自动发送邮件短信通知投标人，保证了工作的及时性。

## 5.2.2 电子招标投标的优势

电子招标投标是以网络信息技术为支撑进行招标投标业务的协同作业模式。网络的实时性和开放性打破了传统意义上的地域差别和时空限制，节约了大量的时间和经济成本。同时信息得以及时沟通，增强了招标投标过程的透明度，加快了招标投标活动的整体进程。电子招标投标还将标准文件和招标投标工作流程通过信息技术手段加以固化，以期规范操作程序，避免执行偏差，降低项目风险。利用电子招标投标主要有以下几点优势。

**1. 对于招标人的优势**

首先，可以降低采购成本，提高采购效率，由此拓宽潜在投标人的选择；其次，可以细化管理要求，动态掌控过程，增加竞争的充分性；再次，电子招标投标的方式过程文件和存档结果都采用电子方式进行，低碳环保，降低了交易成本和采购成本；最后，电子招标投标流程规范，信息公平公开，减少了投标人之间的串标风险。

**2. 对于投标人的优势**

首先，可以提高投标效率：购买标书、编制投标文件、异议提出、递交投标文件、开标和澄清答复均在网上实现，无须舟车劳顿，大大提高了工作效率。

其次，可以节约投标成本：投标人在办公室上网即可完成购买标书、参加开标和完成澄清答疑工作，节省了标书印刷费和差旅费等交易成本。

最后，可以增加参与机会：由于大大减少了投标成本，投标人会尽量尝试通过网上投标，在同时段可以多找项目投标，增加了投标人参与竞争的机会。

**3. 对于招标代理机构的优势**

招标代理机构作为专门服务于招标投标工作的服务类企业，电子招标投标系统可以提高工作效率，提升服务层次；促进资源共享，强化专业水平；规范操作流程，完善管理手段；降低运行成本，增加企业利润，提升企业形象。

**4. 对于监督部门的优势**

电子招标投标流程规范，信息公平公开，方便行政监督部门转变和完善监督方式，增强监督的有效性。同时，可促使招标投标主体自律，促进招标投标诚信体系建设；解决了信息滞后和孤岛问题，促进招标投标以信息一体化方式提供全面、实时的信息支持。此方式突破了传统监管局限，促进招标投标市场一体化。

## 5.3 开展电子招标投标的条件

### 5.3.1 法律法规认可电子招标投标

我国已颁布的多项法律法规对于电子招标投标的信息载体的合法性进行了认可。

《合同法》第十一条："书面形式是指合同书、信件和数据电文（包括电报、电传、传真、电子数据交换和电子邮件）等可以有形地表现所载内容的形式"。

《招标投标法实施条例》第五条：国家鼓励利用信息网络进行电子招标投标。

《电子招标投标办法》第二条：数据电文形式与纸质形式的招标投标活动具有同等法律效力。第六十二条：电子招标投标某些环节需要同时使用纸质文件的，应当在招标文件中明确约定；当纸质文件与数据电文不一致时，除招标文件特别约定外，以数据电文为准。

《中华人民共和国电子签名法》（以下简称《电子签名法》）第七条："数据电文不得仅因为其是以电子、光学、磁或者类似手段生成、发送、接收或者储存的而被拒绝作为证据使用。"

第十四条："可靠的电子签名与手写签名或者盖章具有同等的法律效力。"

工业和信息化部认可的电子认证服务提供者（已批准三十家数字证书认证中心）提供的电子签名是可靠的。

电子签名：运用电子密码技术，在数据电文中以电子形式所含、所附用于识别签名人身份并表明签名人认可其中内容的数据。（《电子签名法》第二条）

电子签章："模拟在纸质文件上加盖传统实物印章的外观和方式进行电子签名的形式。"（《电子招标投标系统技术规范》3.16）

### 5.3.2 《电子招标投标办法》的实施

为了规范电子招标投标活动，促进电子招标投标健康发展，国家发展和改革委员会、工业和信息化部、监察部、住房和城乡建设部、交通运输部、铁道部、水利部、商务部联合制定了《电子招标投标办法》及相关附件，自 2013 年 5 月 1 日起施行。该办法共九章 66 条。

第一章为总则，共四条。规定了立法目的、适用范围、电子招标投标系统的构成，以及对电子招标投标活动的监督。

第二章为电子招标投标交易平台，共十一条。规定了电子招标投标交易平台的建设运营原则、建设运营主体、建设运营条件及其应具备的主要功能。

第三章主要针对电子化的特点对电子招标程序进行的规定，共七条。主要有注册、公告、招标文件的下载、招标文本的标准，不得限制、排斥潜在投标人，保密的义务以及澄清程序规则等。

第四章是关于电子投标的程序规定，共六条。主要有运营商回避制度，注册登记，提交文本技术管道，编制投标文件、加密、解密特殊要求，递交规则和资格预审文件相关规定。

第五章规定应当在选定的交易平台进行，并对开标、评标和中标程序各环节针对电子招标投标的特点做了特别规定，共十二条。

第六章为信息共享与公共服务，共五条。规定了电子招标投标公共服务平台的建设主体及其应具备的主要功能，交易平台与公共服务平台的信息交互，以及公共服务平台向社会公众、市场主体、监督部门的提供信息的义务。

第七章为监督管理，共七条。规定了电子招标投标监督平台建设及其与交易平台、公共服务平台的信息交互，交易平台和公共服务平台的安全操作及电子归档备份，监督部门职责，电子招标投标投诉处理等。

第八章规定了违反上述规则应承担的法律责任，共八条。

第九章为附则，共六条。规定了《电子招标投标系统技术规范》作为《电子招标投标办法》附件的效力、纸质文件与数据电文的关系和生效日期等内容。

## 5.4 电子招标投标交易平台

### 5.4.1 电子招标投标系统架构

电子招标投标系统由电子招标投标交易平台、电子招标投标公共服务平台、电子招标投标行政监督平台三个部分组成。交易平台是以数据电文形式完成招标投标交易活动的信息平台。公共服务平台是满足交易平台之间信息交换、资源共享需要，并为市场主体、行政监督部门和社会公众提供信息服务的信息平台。行政监督平台是行政监督部门和监察机关在线监督电子招标投标活动的信息平台。电子招标投标交易平台按照标准统一、互联互通、公开透明、安全高效的原则以及市场化、专业化、集约化方向建设和运营。依法设立的招标投标交易场所、招标代理机构以及其他依法设立的法人组织可以按行业、专业类别，建设和运营电子招标投标交易平台。国家鼓励电子招标投标交易平台平等竞争。

电子招标投标交易平台应当具备下列主要功能。

（1）在线完成招标投标全部交易过程。

（2）编辑、生成、对接、交换和发布有关招标投标数据信息。

（3）提供行政监督部门和监察机关依法实施监督和受理投诉所需的监督通道。

（4）电子招标投标办法和技术规范规定的其他功能。

### 5.4.2 电子招标投标交易平台的基本功能

交易平台的基本功能应当按照招标投标业务流程要求设置，包括用户注册、招标方案、投标邀请、资格预审、发标、投标、开标、评标、定标、费用管理、异议、监督、招标异常、归档（存档）等功能。

**1. 用户注册**

（1）招标人注册

招标人注册管理应满足以下要求。

① 招标人注册信息数据项应满足招标人信息库管理的要求。

② 应具备从公共服务平台公共信息资源数据库交换招标人注册信息的功能，并实现比对、排除重复，以及修正、验证确认、写入招标人信息库的功能。

③ 应具备记录注册信息的申报人员和交易平台验证人员的功能。

④ 应具备招标人绑定一个或多个CA证书的功能。

⑤ 应具备确定招标人唯一注册编码的功能。

（2）招标代理机构注册

招标代理机构注册管理应满足以下要求。

① 招标代理机构注册信息数据项应满足招标代理机构信息库管理的要求。

② 应具备从公共服务平台公共信息资源数据库交换招标代理机构注册信息的功能，并实现比对、排除重复，以及修正、验证确认、写入招标代理机构信息库的功能。

③ 应具备记录注册信息的申报人员和交易平台验证人员的功能。

④ 应具备招标代理机构绑定一个或多个CA证书的功能。

（3）投标人注册

投标人注册管理应满足以下要求。

① 投标人注册信息数据项应满足投标人信息库管理的要求。

② 应具备从公共服务平台公共信息资源数据库交换投标人注册信息的功能，并实现比对、排除重复，以及修正、验证确认、写入投标人信息库的功能。

③ 应具备记录注册信息的申报人员和交易平台验证人员的功能。

④ 应具备投标人绑定一个或多个CA证书的功能。

⑤ 宜具备投标人只能将电子印章绑定到一个CA证书的功能。

**2. 招标方案**

（1）招标项目

招标项目管理应满足以下要求。

① 应具备项目相关信息的建立和递交功能。数据项应包括项目编号、项目名称、项目地址、项目法人、联系人及其联系方式、项目行业分类、资金来源、项目规模等。

② 应具备招标项目相关信息的建立和递交功能。数据项应包括项目名称、招标项目编号、招标项目名称、招标人代码、招标代理机构代码、招标内容与范围及招标方案说明、招标方式、招标组织形式、附件等。

③ 应建立项目与属于本项目下的招标项目之间的关联关系。

④ 应具备招标项目标段（包）建立和修改等管理功能。数据项应包括招标项目编号、标段（包）编号、标段（包）名称、标段（包）内容、标段（包）分类代码、投标人资格条件等。

⑤ 应建立招标项目与本招标项目下标段（包）的关联关系。

⑥ 应具备根据招标委托合同设定招标项目代理机构职责和权限的功能。数据项应包括招标代理机构代码、招标代理机构名称、招标代理机构资格分类分级代码、招标代理内容、范围、权限、招标代理机构项目负责人及其职责权限和联系方式等。

⑦ 宜具备招标委托合同的编辑、递交和签署功能。

⑧ 应具备向公共服务平台提供招标项目数据的功能。

（2）招标项目计划

招标项目计划管理应满足以下要求。

① 应具备设定招标项目团队成员组成及其职责分工的功能。

② 宜具备招标项目任务计划的编制、报审、下达、调整等管理功能。数据项应包括招

标项目编号和招标项目名称、标段（包）编号、工作任务计划、项目团队成员组成及其职责分工等。

**3．投标邀请**

（1）招标公告与资格预审公告

招标公告与资格预审公告管理应满足以下要求。

① 应具备公开招标项目采用资格后审的招标公告和采用资格预审的资格预审公告的编辑、提交、审核、验证确认和发布功能。

招标公告数据项应包括招标项目编号、招标项目名称、相关标段（包）编号和投标资格、招标文件获取时间及获取方法、投标文件递交截止时间及递交方法、公告发布时间、附件等。

资格预审公告数据项应包括招标项目编号、招标项目名称、相关标段（包）编号和投标资格、资格预审文件获取时间及获取方法、资格预审申请文件递交截止时间及递交方法、资格预审公告发布时间、附件等。

② 应该具备记录招标公告和资格预审公告编辑、递交发布责任人和交易平台验证责任人的功能。

③ 应具备招标公告和资格预审公告同步递交到指定媒介发布的功能。

④ 应具备向公共服务平台同步提供招标公告和资格预审公告的功能。

（2）投标邀请书

投标邀请书管理应满足以下要求。

① 应具备从投标人信息库中获取满足投标资格条件或特定条件的潜在投标人的功能。

② 应具备投标邀请书的编辑和发出功能。数据项应满足以下要求。

采用邀请招标的数据项包括标段（包）编号、标段（包）名称、投标资格、招标文件获取时间及获取方法、投标文件递交截止时间及递交方法、回复截止时间、投标邀请发出时间、附件等。

采用资格预审的项目投标邀请书（代资格预审结果通知书）数据项包括标段（包）编号、标段（包）名称、招标文件获取时间及获取方法、投标文件递交截止时间及递交方法、回复截止时间、投标邀请发出时间、附件等。

③ 应具备被邀请人接受和拒绝投标邀请的回复功能。

**4．发标**

（1）招标文件

招标文件管理应满足以下要求。

① 应具备招标文件的编辑、提交、审核、确认、备案、发出功能。数据项应包括标段（包）编号、投标资格、投标有效期、投标保证金、投标文件递交截止时间、投标文件递交方法、开标时间、开标方式、评标办法、附件等。

② 应具备按照标准文件或示范文本生成招标文件的功能。

③ 应具备设定投标文件主要内容、格式要求的功能。

④ 应具备设定投标文件递交截止时间（开标时间）及其控制的功能。

⑤ 应具备记录招标文件下载人、下载时间、下载次数的功能。

⑥ 宜具备将招标文件的多个不同格式附件组合打包以生成一个文件的功能。

⑦ 应具备向公共服务平台提供招标文件的功能。

（2）资格预审文件

资格预审文件的管理应满足以下要求：资格预审文件数据项应包括标段（包）编号、申请资格、申请有效期、申请文件递交截止时间、申请文件递交方法、开启时间、开启方式、评审办法、附件等。

（3）踏勘现场

踏勘现场管理应满足以下要求。

① 应具备现场踏勘通知的编辑、发出功能。数据项应包括招标项目编号、标段（包）编号、踏勘通知内容、踏勘发出时间、附件等。

② 应具备按招标文件约定的时间，向所有已获取招标文件的潜在投标人发出现场踏勘通知和提示现场踏勘时间的功能。

③ 应具备现场踏勘信息的记录功能。数据项应包括招标项目编号、标段（包）编号、踏勘单位名称及其代表姓名、踏勘时间、附件等。

（4）资格预审文件/招标文件澄清与修改

资格预审文件/招标文件澄清与修改管理应满足以下要求。

① 应具备文件澄清问题的编辑、递交功能。数据项应包括标段（包）编号、文件编号、要求澄清的问题、附件等。

② 应具备符合法律、法规、规章规定和招标文件约定的由资格预审申请人/投标人递交澄清问题的时间控制功能。

③ 应具备招标人对文件的澄清与修改进行编辑、审核、发出的功能。数据项应包括标段（包）编号、澄清与修改文件编号、对文件澄清与修改的内容、澄清与修改递交时间、附件等。

④ 应具备符合法律、法规、规章规定和招标文件约定的招标人递交澄清答复的时间控制功能，以及向所有已获取文件的潜在资格预审申请人/投标人发送通知，并以醒目方式公告澄清与修改内容的功能。

⑤ 应具备潜在资格预审申请人/投标人下载澄清与修改文件，并递交回执的功能。

5. 投标

（1）资格预审申请文件/投标文件

资格预审申请文件/投标文件管理应满足以下要求。

① 应具备在线或离线编辑和制作文件的功能，主要包括文件导入、文件内容编辑、工程量清单（如有）导入、版式文件转换、电子签章、文件生成、校验及加密等功能。

投标文件数据项应包括标段（包）编号、投标人代码、投标报价、工期（交货期）、投标有效期、投标保证金形式、投标保证金金额、投标单位项目负责人、投标时间、附件等。

资格预审申请文件数据项应包括标段（包）编号、申请人代码、投标资格条件、项目负责人、申请时间、附件等。

② 应具备通过网络对文件递交、修改和撤回的功能。

③ 应具备按照招标文件中的递交截止时间控制文件递交、补充、修改和撤回的功能。

④ 应具备递交时间截止后，拒绝资格预审申请人/投标人递交、修改和撤回文件的功能。

⑤ 应具备拒绝接收递交时间截止时尚未完成传输的文件的功能。

⑥ 应具备对文件的主要数据项内容和格式进行校验的功能。

⑦ 应具备文件防篡改的功能。

⑧ 应具备投标人按照招标文件约定的加密方式选择按标段（包）分段或整体加密、递交文件的功能。

⑨ 应具备文件接收和校验、按接收时间排序和回执递交功能。

⑩ 应具备拒收未按法律、法规、规章规定和招标文件要求递交的文件的功能。

⑪ 应具备禁止除资格预审申请人/投标人外的任何人在投标截止前解密、提取文件的功能。

⑫ 截止时间应使用国家授时中心标准时间。

⑬ 宜动态显示国家授时中心当前时间。

（2）投标保证金

① 应具备记录和提示投标保证金接收、退还信息的功能。数据项应包括标段（包）编号、投标人代码、投标人名称、保证金金额、保证金支付形式、保证金凭证接收时间、保证金到账时间和保证金退还时间等。

② 宜具备投标保证金接收情况展示的功能。

③ 宜具备按照招标文件要求对投标保证金的支付形式、资金到账时间、金额、接收凭证等进行符合性校验的功能。

**6. 开标**

（1）签到记录

应具备参加开标的人员通过网络远程办理电子签到的功能。

（2）开标唱标

开标唱标管理应满足以下要求。

① 应具备开标时验证投标单位是否达到和显示法定数量，并可以根据实际情况启动开标或取消开标的功能。

② 应具备开标时验证并公布投标文件不被篡改、不遗漏及其投标过程记录的功能。

③ 应具备按开标时间规定控制投标文件解密并记录解密过程的功能。

④ 应具备招标人和投标人按照招标文件约定的解密方式解密投标文件以及解密失败时按规定补救方式执行的功能。

⑤ 应具备投标文件数据读取、记录、展示的功能。展示内容中应包括标段（包）编号、投标人名称、报价、工期（交货期）、投标保证金额、投标保证金到账时间、投标文件递交时间等招标文件所确定的唱标内容。

⑥ 应具备开标过程信息的记录、编辑、参与单位电子签名确认和递交功能。数据项应包括标段（包）编号、开标参与单位名称、开标展示内容等。

⑦ 应具备开标记录经过电子签名确认后，通过交易平台向社会公众和公共服务平台同步交换、公布的功能。

⑧ 宜具备开标记录模板的编辑、修改、管理的功能。

### 5.4.3　资格预审文件的开启

资格预审文件开启记录的数据项应包括标段（包）编号、开启参与单位名称、开启时间、开启内容等。

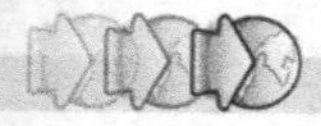


**1．评标**

（1）评标委员会

评标委员会管理应满足以下要求。

① 应具备申请依法组建评标委员会的功能。数据项应包括标段（包）编号、专家人数、行政区域代码、专业、等级、回避条件等组建要求。

② 应具备连接依法建立的专家库的功能。

③ 应具备通过公共服务平台连接的专家库通知评标委员会成员报到时间、地点的功能。

④ 应具备接收专家库反馈及抽取的评标专家名单，并据此设置评标委员会职责分工的功能，相关数据项应包括专家编号、专家姓名、通知时间、通知方式等。

⑤ 应具备评标委员会成员账号生成、签到、身份确认、回避确认的功能。

⑥ 应具备评标专家行为考评记录，并递交到专家所属公共服务平台连接的专家库的功能。

⑦ 应提供评标委员会名单在评标前的保密功能。

（2）评审

评审管理应满足以下要求。

① 应具备能够按招标文件约定的评标方法、评审因素和标准设置评审表格和评审项目的功能。

② 应具备按招标文件约定的评标方法，对投标文件进行解析、对比，辅助评分或计算评标价的功能。

③ 应具备汇总计算投标人综合评分或评标价并进行排序的功能。

④ 应具备编辑和发出评标澄清问题的功能。

⑤ 应具备投标人编辑和递交投标澄清文件的功能。

⑥ 应具备依评审权限设置评审项目访问、信息阅读的功能，确保无相应权限者无法查阅或操作相关数据。

⑦ 宜具备以下评审功能。

- 按招标项目类型和评标办法设置、维护和管理评标模板。
- 依据招标项目清单、标底总价、分项单价与投标报价进行校验、对比，提示差异。
- 检测和辅助分析投标文件及异常投标行为。
- 评标委员会成员打分结果的检测和辅助分析。

（3）评标报告

评标报告管理应满足以下要求。

① 应具备评标报告编辑、阅读的权限设置、签署和提交功能。数据项应包括标段（包）编号、中标候选人名称及排名、投标价格、评分结果或评标价格、中标价格、附件等。

② 应具备向公共服务平台监督通道提供评标报告数据的功能。

（4）远程异地评标

宜按以下要求具备网络远程异地评标的功能。

① 对评标委员会实现有效的监控。

② 对评标时间和地点进行控制。

③ 评标委员会评标必需的沟通功能。

（5）资格预审申请文件的评审

① 资格预审评审委员会的管理要求应符合《电子招标投标系统技术规范》5.7.1 评标委员会管理的规定。

② 资格预审申请文件的评审管理要求应符合《电子招标投标系统技术规范》5.7.2 评审管理的规定，其中有关价格的评审功能不适用于资格预审申请文件的评审。

③ 资格预审结果文件的管理要求应符合《电子招标投标系统技术规范》5.7.3 评标报告管理的规定。数据项应包括标段（包）编号、通过资格预审的申请人名单、附件等。

④ 资格预审申请文件的远程异地评审的管理要求应符合《电子招标投标系统技术规范》5.7.4 远程异地评标的规定。

⑤ 应具备向公共服务平台监督通道提供资格预审结果文件的功能。

**2. 定标**

（1）中标候选人公示

① 应具备中标候选人公示的编辑、提交审核、验证确认、备案、发布功能。数据项应包括标段（包）编号、公示内容（含中标候选人名称及排序、投标价格、中标价格）、公示时间等。

② 应具备向公共服务平台提供中标候选人公示数据的功能。

（2）确认资格预审的申请人/确定中标人

① 应具备授权资格审查委员会确认通过资格预审的申请人/授权评标委员会确定中标人的功能。

② 应提供招标人确认通过资格预审的申请人/中标人的功能。

（3）中标结果公告

应具备编辑、提交审核、验证确认、备案、发布和向公共服务平台提供中标结果公告的功能。数据项应包括标段（包）编号、标段（包）名称、中标人名称、中标价格、附件等。

（4）中标通知书

中标通知书管理应满足以下要求。

① 应具备中标通知书和招标结果通知书的编辑、验证确认和递交的功能。数据项应包括招标项目名称及其编号、标段（包）编号、中标人、中标价格、附件等。

② 宜具备中标、未中标理由的编辑、确认、递交功能。

③ 应具备向公共服务平台提供中标通知书和招标结果通知书的功能。

（5）资格预审结果通知书

资格预审结果通知书的管理应满足《电子招标投标系统技术规范》5.8.4 中标通知书管理的规定。数据项应包括招标人、招标代理机构、招标项目名称及其编号、标段（包）编号、资格预审通过单位名称、资格预审通知书发出时间、附件等。

（6）合同

合同管理应满足以下要求。

① 应提供招标项目标段（包）与合同的关联关系。

② 应具备根据法律、法规、规章和招标文件约定的内容，编辑、形成、递交、验证确认和签署合同文本的功能。

③ 应具备向公共服务平台提供规定要求的合同信息的功能。

④ 宜具备按规定要求向相关主体和管理单位收集、记录和验证合同履行结果的相关信息。

**3. 费用管理**

费用管理应满足以下要求。

（1）应具备招标投标过程中各类费用的支付结算、退还的信息管理及控制后续相关程序等的管理功能。

（2）费用类型包括资格预审文件费用、招标文件费用、图纸押金、投标保证金及其利息、履约保证金、招标代理服务费、交易服务费、评标专家咨询费等。

（3）应具备选择多种支付结算方式的功能。

（4）宜具备支持网上电子支付结算的功能。

**4. 异议**

异议管理应满足以下要求。

（1）应具备投标人对资格预审文件、招标文件、开标过程、资格预审结果、评标结果按规定的时间提出异议的功能。

（2）应具备招标人在规定的时间内答复投标人异议的功能。

**5. 招标异常**

招标异常管理应满足以下要求。

（1）应具备招标终止功能，以及招标终止公告的编辑、提交和发布功能。

（2）宜具备重新发布招标公告或资格预审公告、资格预审文件或招标文件，并保留已完成招标程序的相关数据的功能。

（3）宜具备招标项目按有关规定改用非招标方式后记录其他交易方式和成交结果的功能。

**6. 存档、归档**

存档、归档管理应满足以下要求。

（1）应具备按照有关规定和招标文件的要求对招标投标数据和文件、活动记录进行存档的功能。

（2）应具备数据和文件的分类、整理和归档的功能。数据和文件的归档应符合国家有关电子档案的规定。

（3）应具备按权限查阅招标投标数据和文件的功能。

（4）应具备记录、备份、存档、归档电子招标投标中涉及的操作时间和人员的功能。

（5）应具备评标全过程录像自投标有效期结束之日起存档90日以上的功能。

**7. 监督**

（1）接受监督

按照招标投标法律、法规、规章和监督部门的要求，应具备通过公共服务平台的行政监督通道或直接通过行政监督平台，适时与监督部门交换相关数据和文件的功能，并满足以下要求。

① 提交招标人和招标项目的基本情况，以及经核准的招标内容与范围、招标方式、招标组织形式。

② 提交资格预审公告、招标公告或者投标邀请书。

③ 提交资格预审文件、招标文件。

④ 提交资格审查委员会名单和资格预审结果报告。

⑤ 提交投标文件验证、解密及展示、投标人确认等开标过程和开标记录的信息。

⑥ 提交评标委员会名单、评标报告和中标候选人。

⑦ 提交中标候选人公示和中标结果。

⑧ 提交合同和履行信息。

⑨ 提交招标异常的有关情况。需要审批或核准的，提交相关审批或核准信息。

⑩ 接收和执行有关行政监督部门监督指令的功能。

（2）配合投诉处理

配合投诉处理管理应满足以下要求。

① 宜具备编辑、提交投诉事项有关信息，接收、查询投诉受理情况和处理结果的功能。投诉时限应满足相关规定的要求。投诉处理的数据项应包括标段（包）编号、投诉人代码、投诉人名称、投诉内容、理由和依据、投诉提交时间、投诉受理人、受理时间、处理结果、反馈时间、附件等。

② 宜具备向公共服务平台提供投诉处理数据和文件的功能。

## 5.4.4　交易平台信息资源库

信息资源库采集整合的要素信息，仅限于政府有关网站、平台公布的信息，电子招标投标系统上记录并经过验证、交换、公布的信息，主要是电子招标投标交易平台上成交的项目及其相关主体的要素信息。除上述来源以外，采集的信息和投标人在投标文件中提供的以纸质形式完成招标投标的中标项目业绩信誉、从业人员业绩信誉等信息，仅限于该招标项目一次使用，禁止转入交易平台信息资源库分类集合，也不得用于对外查询、公布、交换及统计。但是，交易平台可以另行建立辅助信息资源库集中此类非可靠信息，仅限于内部交换和参考，且应当注明信息采集来源和相关责任人员。

### 1. 招标项目信息库

招标项目信息库管理应满足如下要求。

（1）应具备招标项目信息的建立和维护的功能。数据项应包括项目名称、项目编号、项目行业分类代码、项目所在行政区域代码、法定代表人、招标交易平台代码、招标项目编号、招标项目名称、招标内容与范围和招标方案说明及附件、招标人代码、招标代理机构代码，以及进行信息交换的公共服务平台标识码等。

（2）应具备标段（包）与中标信息建立和维护的功能。数据项应包括标段（包）编号、标段（包）内容、标段（包）分类代码、投标人资格条件、中标人代码、中标价格、项目负责人、项目质量要求、项目工期（交货期）、中标通知书编号、合同订立价格、合同结算价格、合同验收质量、合同履行期限等。

（3）应具备招标项目相关时间信息的建立和维护功能。数据项应包括招标项目建立时间、公告发布时间、开标时间、中标候选人公示时间、中标通知时间、签约时间、合同完成时间等。

### 2. 招标人信息库

招标人信息库管理应满足以下要求。

（1）应具备招标人信息建立和维护的功能。数据项应包括招标人代码、招标人名称、负责人、国别/地区、行业代码、营业执照号码、CA 证书编号、组织机构代码、税务登记号、开户银行、基本账户账号、注册资本、币种、信息申报责任人、联系电话、联系地址、邮政

编码、电子邮箱等信息。

（2）应具备招标人招标业绩、奖惩、履约记录等信息管理的功能。

（3）应具备招标人信息的检索和统计分析的功能。

**3. 招标代理机构信息库**

招标代理机构信息库管理应满足以下要求。

（1）应具备招标代理机构信息建立和维护的功能。数据项应包括代理机构代码、代理机构名称、负责人、国别/地区、资质类别、资质等级、营业执照号码、CA 证书编号、组织机构代码、税务登记号、开户银行、基本账户、注册资本、信息申报责任人、联系电话、联系地址、邮政编码、电子邮箱等信息。

（2）应具备招标代理机构电子招标业绩、奖惩记录和履约记录等信息管理的功能。

（3）应具备招标职业资格人员的相关信息管理的功能。数据项包括姓名、性别、身份证件类型、身份证件号码、出生年月、所在行政区域代码、最高学历、联系电话、通讯地址、邮政编码、所在单位、职务、职业证书编号、注册登记证书编号、从业年限、项目业绩、奖惩记录等信息。

（4）应具备招标代理机构信息的检索和统计分析的功能。

**4. 投标人信息库**

投标人信息库管理应满足以下要求。

（1）应具备投标人信息建立和维护的功能。数据项按不同主体应相应包括投标人代码、投标人名称、负责人、国别/地区、资质序列、资质等级、资信等级、奖惩记录、营业执照号码、CA 证书编号、组织机构代码、税务登记号、开户银行、基本账户账号、注册资本、注册资本币种、信息申报和变更责任人、联系电话、联系地址、邮政编码、电子邮箱等信息。

（2）应具备投标人中标业绩明细数据、奖惩与履约等信息归集的功能。

（3）应具备投标人信息的检索和统计分析的功能。

（4）应具备投标人黑名单的建立和管理的功能。

（5）应具备投标人专业职业资格人员（注册建造师、注册监理工程师等）的相关信息管理的功能。数据项包括姓名、性别、身份证件类型、身份证件号码、出生年月、所在行政区域代码、最高学历、联系电话、通讯地址、邮政编码、所在单位、职务、技术职称、职业资格序列、职业资格等级、职业证书编号、从业经历、从业年限、项目业绩、奖惩记录等信息。

**5. 专家信息库**

必要时可建立交易平台专家信息库。专家信息库管理应满足以下要求。

（1）应具备专家信息建立和维护的功能。数据项应包括专家编号、姓名、性别、身份证件类型、身份证件号码、出生年月、所在行政区域代码、最后毕业院校、最高学历、联系电话、通讯地址、邮政编码、所在单位、是否在职、职务、工作简历、专业分类、技术职称、职业资格序列、职业资格等级、从业年限、奖惩记录等信息。

（2）应具备记录专家信息入库、变更和审核验证的时间以及责任人的功能。

（3）应具备专家回避情形和单位列表建立及维护的功能。

（4）应具备按地区、专业等随机抽取和记录专家的功能。

（5）应具备专家审核、入库、培训、考核、暂停、退出等功能。

（6）宜具备专家自荐入库的功能。

（7）宜具备向公共服务平台专家库推荐专家入库的功能。

**6. 价格信息库**

价格信息库管理应满足以下要求。

（1）应具备工程、货物、服务分类分项单价信息的收集、整理、维护和查询的功能。

（2）宜具备价格统计分析的功能。

### 5.4.5　交易平台的系统接口

系统接口是指交易平台与公共服务平台、行政监督平台及专业工具软件之间根据电子招标投标流程及有关规定应具有的数据交换功能。

**1. 与公共服务平台的接口**

（1）交易平台注册登记

交易平台应选择任一公共服务平台注册登记和按规定对接交互信息。在全国公共服务平台体系形成前，交易平台选择注册登记和对接交换公共服务平台应同时满足行政监督信息交换的需要。登记的数据信息应包括交易平台名称、运营机构代码、运营机构名称、CA 证书编号、系统访问地址、检测和认证报告附件等。

（2）与公共服务平台的接口

交易平台与公共服务平台的数据接口应符合《公共服务平台和行政监督平台技术规范》和相关公共服务平台公布的数据接口要求。

**2. 与行政监督平台的接口**

交易平台可以选择公共服务平台的监督通道与行政监督平台交换信息，交易平台也可以选择直接与行政监督平台交换信息。与行政监督平台的数据接口应符合《公共服务平台和行政监督平台技术规范》和相关行政监督平台公布的数据接口要求。

**3. 与专业工具软件的接口**

交易平台与专业工具软件的数据接口应符合本技术规范和国家有关计价规范要求，并在交易平台公布。

## 5.5 电子招标投标面临的问题及解决方案

### 5.5.1　对未能解密情况的处理

电子招标投标系统面临由于系统故障或者人为原因不能顺利解密投标文件的情况。针对该情形，《电子招标投标办法》第三十条和第三十一条做出了相关规定。

第三十条　开标时，电子招标投标交易平台自动提取所有投标文件，提示招标人和投标人按招标文件规定方式按时在线解密。解密全部完成后，应当向所有投标人公布投标人名称、投标价格和招标文件规定的其他内容。

第三十一条　因投标人原因造成投标文件未解密的，视为撤销其投标文件；因投标人之外的原因造成投标文件未解密的，视为撤回其投标文件，投标人有权要求责任方赔偿因此遭受的直接损失。部分投标文件未解密的，其他投标文件的开标可以继续进行。

招标人可以在招标文件中明确投标文件解密失败的补救方案，投标文件应按照招标文件

的要求做出响应。

### 5.5.2 电子招标投标交易平台收费问题

电子招标投标交易平台可能存在第三方运营的情况，即涉及使用收费的问题。《电子招标投标办法》第十六条规定了交易平台的收费问题。

第十六条　招标人或者其委托的招标代理机构应当在其使用的电子招标投标交易平台注册登记，选择使用除招标人或招标代理机构之外第三方运营的电子招标投标交易平台的，还应当与电子招标投标交易平台运营机构签订使用合同，明确服务内容、服务质量、服务费用等权利和义务，并对服务过程中相关信息的产权归属、保密责任、存档等依法做出约定。

电子招标投标交易平台运营机构不得以技术和数据接口配套为由，要求潜在投标人购买指定的工具软件。

常见的电子招标投标交易平台方式有以下几种。

**1. 软件购置模式**

系统所需硬件环境和系统软件由招标机构自行购买或添置。

**2. 私有云模式**

整套系统部署在招标机构指定的服务器环境上。应用软件的运营维护、升级和功能扩展，运营过程中的用户支持等服务，均由平台运营机构提供，系统软件的所有权和知识产权均归运营机构所有。

招标项目的相关数据，全都在招标机构自己的服务器上流转和存储。招标机构负责网络硬件等安全保护环境。

平台运营机构收取服务开通费、定制开发费和技术服务费。

**3. 公共云模式**

招标机构通过云计算租用系统，也可由投标人按标段付费。

运营机构提供应用软件的维护、升级和功能扩展，运营过程中的用户支持、数据灾备等服务。

运营机构对系统的稳定性、可靠性、安全性负责。招标项目的相关数据在运营机构的服务器上流转和存储，运营机构承担数据安全和保密责任；招标机构可实时下载招标项目相关数据，或由运营机构定期给招标机构提供完整的数据备份。

### 5.5.3 对工具软件绑定问题的处理

电子招标投标采用电子招标投标交易平台进行招标投标活动，为了避免由于工具软件带来的相关问题，《电子招标投标办法》相关条款对工具软件的使用进行了规定，要求电子招标投标交易平台接口保持技术中立。

第八条　电子招标投标交易平台应当按照技术规范规定，执行统一的信息分类和编码标准，为各类电子招标投标信息的互联互通和交换共享开放数据接口，公布接口要求。

电子招标投标交易平台接口应当保持技术中立，与各类需要分离开发的工具软件相兼容及对接，不得限制或者排斥符合技术规范规定的工具软件与其对接。

第十六条　招标人或者其委托的招标代理机构应当在其使用的电子招标投标交易平台注

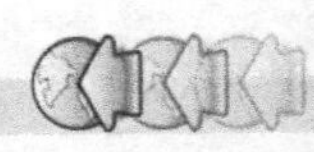

册登记，选择使用除招标人或招标代理机构之外第三方运营的电子招标投标交易平台的，还应当与电子招标投标交易平台运营机构签订使用合同，明确服务内容、服务质量、服务费用等权利和义务，并对服务过程中相关信息的产权归属、保密责任、存档等依法做出约定。

电子招标投标交易平台运营机构不得以技术和数据接口配套为由，要求潜在投标人购买指定的工具软件。

### 5.5.4　信息安全问题

互联网的开放性为资源共享带来便利，也同样带来信息安全的隐患。《电子招标投标办法》相关条款对电子招标投标交易平台的信息安全问题提出了要求。

**1. 制度及技术要求**

第十条　电子招标投标交易平台应当依照《中华人民共和国认证认可条例》等有关规定进行检测、认证，通过检测、认证的电子招标投标交易平台应当在省级以上电子招标投标公共服务平台上公布。

第十二条　电子招标投标交易平台运营机构应当根据国家有关法律法规及技术规范，建立健全电子招标投标交易平台规范运行和安全管理制度，加强监控、检测，及时发现和排除隐患。

第十三条　电子招标投标交易平台运营机构应当采用可靠的身份识别、权限控制、加密、病毒防范等技术，防范非授权操作，保证交易平台的安全、稳定、可靠。

第十四条　电子招标投标交易平台运营机构应当采取有效措施，验证初始录入信息的真实性，并确保数据电文不被篡改、不遗漏和可追溯。

第五十三条　电子招标投标系统有下列情形的，责令改正；拒不改正的，不得交付使用，已经运营的应当停止运营。

（1）不具备本办法及技术规范规定的主要功能。

（2）不向行政监督部门和监察机关提供监督通道。

（3）不执行统一的信息分类和编码标准。

（4）不开放数据接口，不公布接口要求。

（5）不按照规定注册登记、对接、交换、公布信息。

（6）不满足规定的技术和安全保障要求。

（7）未按照规定通过检测和认证。

**2. 数据保密要求**

第二十六条　电子招标投标交易平台应当允许投标人离线编制投标文件，并且具备分段或者整体加密、解密功能。

第十五条　电子招标投标交易平台运营机构不得以任何手段限制或者排斥潜在投标人，不得泄露依法应当保密的信息，不得弄虚作假、串通投标或者为弄虚作假、串通投标提供便利。

第二十一条　在投标截止时间前，电子招标投标交易平台运营机构不得向招标人或者其委托的招标代理机构以外的任何单位和个人泄露下载资格预审文件、招标文件的潜在投标人名称、数量以及可能影响公平竞争的其他信息。

第三十三条　电子评标应当在有效监控和保密的环境下在线进行。

根据国家规定应当进入依法设立的招标投标交易场所的招标项目，评标委员会成员应当在依法设立的招标投标交易场所登录招标项目所使用的电子招标投标交易平台进行评标。

评标中需要投标人对投标文件澄清或者说明的，招标人和投标人应当通过电子招标投标交易平台交换数据电文。

### 5.5.5 行业协会

《电子招标投标办法》第六十一条规定，招标投标协会应当按照有关规定，加强电子招标投标活动的自律管理和服务。

## 5.6 通信工程电子招标投标的应用

通信行业的招标投标主要围绕通信三大运营商进行。本节分析三大运营商目前在电子招标投标领域的应用。

### 5.6.1 中国移动

中国移动通信集团有限公司近年来的招标工作都在其电子招标投标平台“中国移动采购与招标网”进行。“中国移动采购与招标网”是中国移动通信集团有限公司（包括下属子公司、分公司）对外发布采购公告与结果公示的权威门户，是全集团统一发布各类采购信息的电子化媒介。

**1. 网站注册**

潜在投标人可以访问“中国移动采购与招标网”查看采购公告及结果公示信息，无须注册和登录。如果需要参与中国移动电子采购与招标投标项目，潜在投标人通过“供应商登录”链接登录“中国移动采购与招标网”就可以参与中国移动电子采购与招标投标项目、采购协同等。

**2. 招标文件出售**

招标文件采用网上发售电子版的形式，不再出售纸质招标文件。潜在投标人可以在指定时段登录网站进行项目报名，经招标人审核后报名通过的投标人登录系统就可以进行招标文件的购买，下载招标文件及投标。

**3. 投标人身份认证**

投标人身份标识采用CA证书（Certification Authority Certificate）的方式。CA证书是经过有关部门认可的电子认证服务机构基于PKI技术签发、认证和管理的数字证书；具有数据电文交换中的身份识别、电子签名、加密、解密等功能。CA证书的主要内容包括证书服务机构的名称、证书持有人的名称及其签名验证数据、证书序列号、有效期、服务机构签名等。投标人必须在投标截止时间之前办理CA证书，并使用CA证书进行加密后才能投标，否则将无法正常投标。

**4. 投标人投标**

投标人须在投标截止时间前完成在系统上递交电子投标文件。投标人的电子投标文件是经过CA证书加密后上传提交的，任何单位或个人均无法在投标截止时间（即开标时间，下

同）之前查看或篡改，不存在泄密风险。投标人在投标截止时间之前可以多次提交电子投标文件，后一次提交的文件将自动替换前一次的文件，且前一次提交的文件将彻底删除。投标人可以通过离线投标客户端软件查看电子投标文件上传提交结果，了解和确认电子投标文件提交状态。为满足电子系统标书比对功能的需求，要求所有投标电子文件均不做压缩处理，不得设置密码，“投标报价一览表”和“投标人综合信息表”须用 Excel 格式处理，保留原始计算公式，可编辑，可修改。所有扫描资质文件要求以 JPG 或 PDF 格式提供，其他文件用 Word 或 Excel 格式处理（由第三方提供的除外，如各种测试报告、审计报告等）。

**5. 开标**

开标时，招标人当众宣布参加本次招标的投标人个数及投标文件的密封情况，并进行电子开标。当电子开标出现异常时，经招标人确认为平台原因时，则现场宣读异常投标人的纸质“投标报价一览表”中的内容。

## 5.6.2　中国联通

近年来，中国联合通信有限集团公司的招标投标工作均在联通电子招标投标交易平台“中国联通采购与招标网”进行。要成为中国联通供应商，须接受中国联通供应商资格预审，并完成在中国联通采购与招标网上的注册。

**1. 注册和身份验证**

供应商注册后须由超级用户及时添加联系人，并与数字证书进行绑定，通过此身份验证后，才可以完成下载、上传、投标报价等工作。

**2. 获取招标文件**

为了校验下载的标书文件的完整性，下载投标文件需“确认签名”。通过单击“确认签名”按钮，上传已下载并确认无误的标书，便于系统比对下载到本地的标书文件与系统上的标书文件的一致性，以确保完整、正确地下载标书文件。

**3. 投标**

供应商在上传投标文件时，需选择联通网络环境，限制单个文件大小不超过 20MB，文件数量不超过 100 个。如果文件数量不多或传输过慢，每个文件（或压缩包）最好不超过 5MB。

在截标时间前，可重复上传投标文件和修改询价信息，系统以最后一次操作为准。

上传投标文件时需单击“确认完成”按钮，用来确认所有文件已经上传完成，相当于书面递交标书后签字确认的动作。需要注意的是，供应商在上传投标文件时，不要选择临近应答截止时间，以免线路阻塞影响工作。

**4. 开标**

开标后，投标人只有通过签名确认本公司的开标结果后，才能查看到其他公司的开标结果，这是为了保证开标的公平、公开的原则。

## 5.6.3　中国电信

中国电信集团公司的招标公告发布采用网站发布的方式，发布平台为“中国电信阳光采购网”，并且根据法律法规要求，招标公告会同时在中国采购与招标网和通信工程建设项目招标投标管理信息平台公布。但是截至目前，正式的投标流程尚未启用电子招标投标方式。

## 习题

（1）电子招标投标是指以________形式，依托________完成的全部或者部分招标投标交易、公共服务和行政监督活动。

（2）电子招标投标系统由________、________、________三个部分组成。

（3）电子招标投标系统对于资格预审文件的澄清与修改管理应具备________功能。数据项应包括________、________、________等。

（4）网络远程异地评标的功能应包括________、________、________。

（5）开标时间已到，因投标人原因造成投标文件未解密的，视为________其投标文件。因投标人之外的原因造成投标文件未解密的，视为________其投标文件，投标人有权要求责任方赔偿因此遭受的直接损失。

（6）开标时，电子招标投标交易平台自动提取所有投标文件，提示________和________按招标文件规定方式按时在线解密。

（7）电子招标投标系统应提供评标委员会名单在________前的保密功能。

（8）电子招标投标系统应具备________时验证并公布投标文件不被篡改、不遗漏及其投标过程记录的功能。

（9）存档、归档应具备评标全过程录像自投标有效期结束之日起存档____________以上的功能。

（10）配合投诉处理管理应具备向________提供投诉处理数据和文件的功能。

# 第6章 通信工程招标投标风险与法律责任

**学习目标**

- 理解通信工程招标投标单位的职能。
- 掌握通信工程招标投标活动的风险。
- 掌握投标方面的风险及防范措施。
- 掌握招标投标活动相关方的法律责任。

为了满足公众日益增长的信息通信服务需求，通信工程项目作为实现宽带中国战略的重要基础，其建设领域市场巨大，同样也带来了招标投标的蓬勃发展。目前，招标投标制度在全国的通信工程建设领域中已经得以广泛的应用和推广，为通信工程的项目质量提供了有力保障。但是应该看到，在招标投标活动中存在如招标方案制定等风险的存在，为招标投标双方带来了损失。在招标投标活动中要学习如何辨析这些风险并注意防范。由于招标投标需要遵循严格的法律程序，招标投标双方及招标代理机构、评标委员会、行政监督部门都处于法律关系中，如违反法律法规的相关规定，需要承担相应的民事、行政甚至刑事法律责任。

## 6.1 通信工程招标投标单位的职能

通信工程建设领域招标投标双方从表面上看，是截然对立的甲乙双方。但是，在实际工作当中，双方又有着共同的需求，招标方一般代表着建设单位，要根据建设单位的要求，用最小的投资、最合理的方案，完成整个项目所要实现的技术目标，达到建设单位的最终目的。由于当前的通信技术日新月异，其知识的更新频率非常高，甚至每个月都会有技术上的重大突破，以至于有些项目刚一开始施工就面临着被淘汰的局面，例如过去备受追捧的 3G 无线网络系统，在几年前还被媒体渲染其如何先进，而短短几年时间已经基本被 4G 网络所替代。而目前的 4G 网络，由于 5G 技术的迅猛发展，也将很快面临被更替的命运。在有线通信领域，传统的固定电话已经基本消失，而手机的存在能持续多久，已经有很多专家提出了质疑，随着微信、QQ 等新兴通信方式的迅猛发展，手机的通话功能已经开始被数据业务所替代。这些新技术的应用，在改变着人们生活的同时，也不断对通信建设提出了新的挑战，这也正是很多通信运营商所面临的困局，对其招标方案的前瞻性、持久性、可更新性等都有了更新、更高的要求。招标方既要在施工方案、设备选型等方面加大投入，又要在技术方案的选择上多动脑筋，以免造成因技术方案选择不当而增加的投资浪费，或者因技术落后而出现的通信基础设施过早被淘汰的问题。

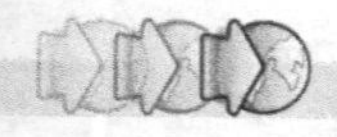



投标单位的主要职能是针对招标方（项目建设单位）提出的要求，进行项目的前期规划、可行性研究、立项、现场勘察、设计方案制订、概预算编制、绘制图纸并组织会审、修改及全套文件交付、施工、交付使用、运营维护等。投标人的工作效果对于一个通信项目从策划到实现起着至关重要的作用，没有投标单位的努力，通信网络就无法形成。特别是当前信息技术日新月异，各种新技术、新设备层出不穷，通信网络设计、施工、监理单位不但面临着来自同行业的竞争，而且也面临着来自技术进步方面的竞争。尽管目前信息技术的应用非常广泛，信息技术的发展也给通信工程建设领域创造了较大的市场空间，但是，我们也应当看到，通信行业目前已经到了稳定发展阶段，越来越多的人才都介入到了这个行业。通信建设行业的同业竞争也是非常激烈的，没有先进的技术、具有优势的资源，想在招标中胜出，也是非常困难的。对此，通信工程的设计、施工和监理单位也应当有着清醒的认识，要了解市场，了解行业的发展趋势，了解技术研发的进度和即将攻克的技术难题。

## 6.2 通信工程招标投标活动的风险

目前，在 4G 通信处在商业应用的高速发展阶段和 5G 通信技术试商用过程中，完善的招标投标活动开展价值日益成熟，但是在该活动具体开展时，缺乏有效针对性的预防和认知，特别是对整个招标投标活动风险的全面认知。可以说，认知具体的风险，将为整个通信建设活动的有效开展奠定重要基础。对于招标方（业主单位）来说，其存在的经济风险大致如下。

（1）招标文件编制上存在的风险。招标文件是整个招标活动的基本准则，编制得是否合理，直接关系着整个招标工作能否顺利开展。当前的技术更新速度超过我们的想象，在信息技术领域，知识的更新速度是以星期来计算的，而招标文件的编制、研究及更新速度甚至还比不上技术的更新速度，特别是在一些决策比较慢的政府机构或者大型国企，这种现象更为严重。因此，招标文件当中出现与当前技术、市场或体制不相配的情况时有发生，这就造成了整个项目在招标阶段就存在着较大的经济风险，给项目后期施工增加较多的经济负担。

（2）工程决策失误造成的风险。由于工程组织方式是由招标方确认的，而招标方如果在项目的总体方案上存在较大的偏差，那么给整个工程造成的损失将是非常严重的，特别是理论上的最佳方案却往往在实际工程施工中存在这样那样的弊端，这种现象在各类工程中都经常出现。而通信工程覆盖面广，影响施工的潜在因素较多，如果在项目的决策阶段没有进行充分的调研，那么在施工阶段就会出现诸如道路、地铁、热力、天然气管网等的制约，而造成工程施工受阻，这些因素都是业主方在招标阶段应当考虑的。

（3）合同的价款风险。市场一直处于动态环境当中，通信工程也是如此，由于更多的竞争者参与到通信工程领域的竞争当中，也给这一行业的价格带来了很大的不安定因素。在招标阶段，往往合同价款确定之后，又因市场的变化而使该标的报价发生了较大变化，而业主方则需要承担这部分因市场变化而造成的价格损失。当然，从另一个角度，如果市场上行，那么业主方就会因合同价款已锁定而受益。

（4）招标失败带来的工期风险。招标投标具有严格的法律程序，相关法律法规都规定了否决所有投标和重新招标的条款。如果招标过程出现如有效投标人不足 3 人等导致重新招标的情况，需要重新完成招标的流程，带来了无法按照项目计划按时完成工程项目的风险。

## 6.3　投标方面临的风险及防范措施

项目的投标方，在项目当中由于地处乙方的位置，加上目前市场竞争激烈，难免在合同当中处于被动的地位，可能面临着更多的未知风险或者由业主方转嫁过来的已知风险。对于已知风险，只要采取了积极的应对措施，一般来讲可以通过预防来加以规避；而潜在的未知风险，一般而言主要有以下几个方面。

（1）未深入理解招标文件（合同相关条款）。正如前文所述，招标文件是指导整个招标活动的基础性文件，在通信工程建设领域，特别是在通信咨询服务类招标中，由于存在着技术方案的选择等重大选项，因此招标文件尤其重要。作为投标方，务必要认真理解招标文件的全部内容，对其所涉及的各类问题要认真归纳，及时要求业主予以澄清，争取主动权，从而避免在中标后掉入对方有意或无意设置的陷阱当中，在预防通信工程招标投标活动开展的风险基础上，实现有效防范。在取得招标文件后，根据项目情况成立投标项目小组，小组成员应熟读及了解招标文件，用记号笔标记招标文件中需要实质响应的部分，编制投标项目计划表，以便在进行标书编制过程中对招标单位的要求一目了然。收集各位投标成员对标书理解有疑问的地方，以及标书概念表达模糊事项，统一记录，在答疑会前按招标代理时间要求一并发送。可以说，在整个通信工程招标投标活动中，通过规范化处理招标投标文件，可以降低其中潜在的风险。

（2）工作量的确认方面出现的失误。由于通信工程所处的是覆盖范围较广，影响因素较多的领域，前期的准备工作非常烦琐，需要付出的工作量是难以一下子计算清楚的，常常投入了大量的人力和物力而收效甚微。如果在投标阶段对甲方的意图没有明确理解，对所要付出的前期工作没有正确认识，那么就很有可能造成中标了但不能赚钱，甚至还要亏本等现象。工程量计算要细致，不漏缺和重复计算，采用投标报价的常规软件进行编制，杜绝出现各种低级错误。报价部分需要提前 3 天完成，预留复查修改的时间，这就需要投标方在投标前期对整个工作进行正确的评估，方可做出正确的选择。

（3）投标报价的价格要准确。在通信工程招标活动开展时，大多结合工程量清单或者初步设计所给出的价格，但是投标金额与实际应用金额之间存在较大出入，尤其是在投标报价价格的控制与把控上，缺乏精准度。在给出投标报价价格时，就需要主动采取财务决策，将技术应用与经济策略相结合。这样，一方面充分熟悉及理解招标文件和图纸，了解业主的设计意图、工程整体情况，还要掌握勘查现场情况、工程规模，编制概预算；另一方面，投标人还要结合企业自身的综合实力、人员配置、管理水平、工器具及车辆的配置等情况确定项目的成本。此外，还要考虑工程的风险、市场竞争、预期的利润空间等，确定最终的报价，从而确保给出的投标报价价格的精准性，进而在保障顺利中标的前提下获取盈利。

（4）施工方案变更带来的潜在损失。由于通信技术日新月异，而通信工程又比较复杂，可能出现工作还未结束，而业主方面却因技术变更而更改方案的情况，这就造成了投标方大量的投入浪费，这也是投标人的潜在风险之一。因此，投标人在开展工作的同时，也应密切关注行业的动态，及时与业主沟通，制作出一份结合公司自身的技术水平、管理能力的技术标，采取具体措施，例如如何利用有利因素规避不利因素，如何保障工程质量和工程进度使技术标部分更加合理、可行、完善。同时，在合同签订时，要对该条款做出相应的约束，以便在方案调整时，付出的人力、物力成本由业主单位承担，减轻自身的经济风险。

（5）标书的审核和封标。投标项目经理负责各部分标书的汇总及整体的格式排版，按照招标文件的要求进行自检，合格后，签字送技术部门复审，如复审有错误，对相关问题进行汇总，书面记录并备案，以便每次投标后都有所改进，避免再出现类似问题。对审核合格后的投标文件进行打印、刻盘、盖章、封标。

① 打印、刻盘。为了完全符合招标文件的出版打印、刻盘的规定，根据相关要求对投标文件采用单面或者双面印制。另外需要尽量缩短制作标书的时间，保证投标文件的制作质量和美观。

② 盖章。鉴于公司用印使用制度，建议在封标当天把涉及的相关公司章及个人执业注册章的使用权限授权给项目负责人或人事行政主管，根据标书的要求盖章、终审、封标。

## 6.4 招标投标活动相关方的法律责任

### 6.4.1 法律责任的种类

法律责任是指法律关系中行为人因违反法律规定或合同约定义务而应当强制性承担的某种不利法律后果。法律责任是招标投标法律的重要组成部分，是对招标投标活动中当事人违反招标投标的法律法规行为的强制性处罚。我国《招标投标法》《政府采购法》及各部门的规章都对招标投标活动中当事人违法行为的法律责任做出了规定。

**1. 招标投标中的民事法律责任**

招标投标的民事法律责任是指招标投标活动中主体因违反合同或者不履行其他义务，侵害国家或集体财产，侵害他人财产、人身，而依法应当承担的民事法律后果。

民事责任因当事人违法行为所造成的后果不同，承担责任的方式也不相同。按照我国《民法通则》第一百三十四条的规定，承担民事责任的方式主要有停止侵害，排除妨碍，消除危险，返还财产，恢复原状，修理、重作、更换，赔偿损失，支付违约金，消除影响、恢复名誉，赔礼道歉。以上承担民事责任的方式，可以单独使用，也可以合并使用。

**2. 招标投标中的行政法律责任**

招标投标的行政法律责任是指招标投标法律关系的主体违反行政法律规定，而依法应当承担的一种法律责任。

（1）行政处分

行政处分，是指国家工作人员及由国家机关委派到企业事业单位任职的人员的行政违法行为尚不构成犯罪，依据法律、法规的规定而给予的一种制裁性处理。

虽然行政处分是有隶属关系的上级对下级违反纪律的行为或对尚未构成犯罪的违法行为给予的纪律制裁，属于内部行政行为，但它仍具有强烈的约束力，如果被处分人不予履行，行政主体可以强制执行。但因行政处分不受司法审查，故被处分人如果不服行政处分，只能通过行政复议和行政申诉途径解决，不能提起行政诉讼。

根据《中华人民共和国行政监察法》第四十二条第一款第（1）项中的规定，违反行政纪律，依法应当给予警告、记过、降级、降职、撤职、开除处分。

（2）行政处罚

行政处罚，是指国家行政机关及其他依法可以实施行政处罚权的组织，对违反行政法

律、法规、规章，但尚不构成犯罪的公民、法人及其他组织实施的一种制裁行为。

对招标投标活动当事人行政法律责任的规定较多，除《招标投标法》《政府采购法》外，国务院的行政法规及各部委的部门规章规定中对当事人的行政法律责任均有规定，包括以下内容。

① 责令限期改正。如《招标投标法》第四十九条规定，对招标人规避招标的行为责令限期改正，对强制招标的项目进行招标。

② 罚款。可以按合同金额的比例罚款，也可以按法律、法规直接确定的数额罚款。

③ 处分。处分包括行政处分和纪律处分。

④ 暂停或取消从事招标投标活动的资格。对全部或者部分使用国有资金的项目，可以暂停项目执行或者暂停资金拨付。对于建设单位，视其违法行为可以不予颁布项目施工许可证。

**3. 招标投标中的刑事法律责任**

招标投标中的刑事法律责任是指招标投标法律关系主体因实施刑法规定的犯罪行为所应承担的刑事法律后果，如串通投标罪、泄露国家秘密罪、行贿罪、受贿罪等刑罚。《中华人民共和国刑法》（以下简称《刑法》）规定，刑罚主要分为主刑和附加刑两大类。主刑：管制、拘役、有期徒刑、无期徒刑、死刑。附加刑：罚金、剥夺政治权利、没收财产、驱逐出境。附加刑可以独立适用。依犯罪主体的不同，可分为单位犯罪和自然人犯罪的刑事责任。

单位犯罪的刑事责任是指以单位为犯罪主体，因其实施刑法规定的犯罪行为所应承担的刑事法律后果。《刑法》第三十条中规定，公司、企业、事业单位、机关、团体实施的危害社会的行为，法律规定为单位犯罪的，应当负刑事责任。

对单位犯罪的刑事责任，我国采用双罚制方式，即对于实施犯罪行为的单位，既要处罚单位，又要处罚单位中的直接责任人员。双罚制的建立对处罚单位犯罪较为合理。

## 6.4.2 招标人的法律责任

招标人的法律责任，是指招标人在招标过程中对其实施的行为应当承担的法律后果。

（1）招标人的民事法律责任

招标人承担民事法律责任的违法行为如下。

① 招标人向他人透露已获取招标的潜在投标人的名称、数量或者影响公平竞争的有关招标投标的其他情况。

② 泄露标底。招标人设有标底的，标底必须保密。

③ 依法必须进行招标的项目，招标人与投标人就投标价格、投标方案等实质性内容进行谈判的。

④ 招标人在评标委员会依法推荐的中标候选人以外确定中标人的。

⑤ 依法必须进行招标的项目在所有投标被评标委员会否决后自行确定中标人的。

⑥ 招标人不按招标文件和中标人的投标文件订立合同的，或者招标人与中标人订立背离合同实质性内容的协议书。

招标人实施上述违法行为的中标无效，招标人应承担中标无效的法律后果。招标人承担民事责任的方式如下。

① 责令改正。上述几种违法行为，招标人应承担停止违法行为的法律责任，并应按照

法律规定做出相应的补救措施。其改正方式主要有招标人与中标人重新订立合同，招标人在其余投标人中重新确定中标人，招标人应当重新招标。

② 恢复原状，赔偿损失。中标无效的招标人已与中标人签订书面合同的，合同无效，应当恢复原状。因该合同取得的财产，应当予以返还或者没有必要返还的应当折价补偿。有过错的一方应赔偿对方因此所遭受的损失，双方都有过错的，应当承担各自相应的责任。

（2）招标人的行政法律责任

招标人的行政法律责任是指招标人因违反行政法律规范，而依法应当承担的一种法律责任。

依《招标投标法》的规定，招标人承担行政法律责任的违法行为如下。

① 对必须进行招标的项目不招标的。

② 将必须进行招标的项目化整为零或者以其他任何方式规避招标的。

③ 招标人以不合理的条件限制或者排斥潜在投标人的，对潜在投标人实行歧视待遇的。

④ 强制要求投标人组成联合体共同投标的，或者限制投标人之间竞争的。

⑤ 依法必须进行招标的项目的招标人向他人透露已获取招标文件的潜在投标人的名称、数量或者可能影响公平竞争的有关招标投标的其他情况的。

⑥ 泄露标底的。

⑦ 依法必须进行招标的项目，招标人违反规定，与投标人就投标价格、投标方案等实质性内容进行谈判的。

⑧ 招标人与中标人不按照招标文件和中标人的投标文件订立合同的。

⑨ 招标人、中标人订立背离合同实质性内容的协议的。

因我国招标投标项目涉及各个部门，因此各部门根据《工程建设项目货物招标投标办法》《工程建设项目招标投标活动投诉处理办法》《工程建设项目施工招标投标办法》《评标委员会和评标方法暂行规定》《房屋建筑和市政基础设施工程施工招标投标管理办法》（中华人民共和国建设部令第 89 号）《机电产品国际招标投标实施办法（试行）》《通信工程建设项目招标投标管理办法》等规定，对招标人行政法律责任均做出了明确和具体的规定。

招标人承担行政法律责任的方式如下。

① 警告、责令限期改正。招标人有上述《招标投标法》及部门规章规定的违法行为，情节轻微的，行政部门有权对招标人发出书面警告，并有权责令其限期改正。

② 罚款。招标人有上述违法行为的，行政监督部门有权对招标人依据不同规定处以不同数额的罚款，并可并处没收违法所得。

③ 不得颁发施工许可证。《房屋建筑和市政基础设施工程施工招标投标管理办法》规定，应当招标未招标的，应当公开招标未公开招标的，县级以上地方人民政府建设行政主管部门应当责令改正，拒不改正的，不得颁发施工许可证。

④ 行政处分。

⑤ 暂停项目执行或者暂停资金拨付。

（3）招标人的刑事法律责任。

招标人的刑事法律责任，是指招标人因实施刑法规定的犯罪行为所应承担的刑事法律后果。刑事法律责任是招标人承担的最严重的一种法律后果。

招标人向他人透露招标文件的重要内容或可能影响公平竞争的有关招标投标的其他情况，如泄露评标专家委员会成员的或是泄露标底并造成重大损失的，招标人构成侵犯商业秘密罪，处三年以下有期徒刑或者拘役，造成特别严重后果的，处三年以上七年以下有期徒刑，并处罚金。

## 6.4.3　投标人的法律责任

投标人的法律责任，是指投标人在投标过程中对其所实施的行为应当承担的法律后果。

**1. 投标人的民事法律责任**

投标人的民事责任，是指投标人因不履行法定义务或违反合同而依法应当承担的民事法律后果。

投标人承担民事责任的主要方式表现为中标无效、承担赔偿责任、转让无效、分包无效、履约保证金不予退回等。

**2. 投标人的行政法律责任**

投标人的行政责任是指投标人因违反行政法律规范而依法应当承担的法律后果。投标人承担行政责任的主要方式有警告、罚款、没收非法所得、责令停业、取消投标资格及吊销营业执照。

《工程建设项目货物招标投标办法》《工程建设项目招标投标活动投诉处理办法》《工程建设项目施工招标投标办法》等规定对投标人的行政法律责任都做出了非常明确和具体的规定。

投标人承担行政法律责任的方式如下。

（1）警告。

（2）对单位责令停业整顿。

（3）有违法所得的并处没收违法所得。

（4）吊销营业执照。

（5）罚款。对违法行为罚款的处罚是双罚制，既处罚违法的单位，也处罚单位的直接负责的主管人员。

（6）取消参与投标的资格。根据违法人员的违法行为取消其参与投标的资格，时间从一年到三年不等，但如果中标人有不履行与招标人订立合同的情况，对其处罚的参与投标的资格期限比其他违法行为更为严厉，取消其参与投标的最低期限为二年，最高期限为五年。

（7）没收投标保证金。

（8）对其违法行为进行公告。

**3. 投标人的刑事法律责任**

投标人的刑事责任指投标人因实施刑法规定的犯罪行为应承担的刑事法律后果。刑事法律责任是投标人承担的最严重的一种法律后果。

（1）承担串通投标罪的刑事责任。投标人相互串通投标报价，损害招标人或者其他投标人利益的，情节严重的，处三年以下有期徒刑或者拘役，并处或单处罚金。投标人与招标人串通投标，损害国家、集体、公民合法权益的，处三年以下有期徒刑或者拘役，并处或单处罚金。

（2）承担合同诈骗罪的刑事责任。投标人以非法占有为目的，在签订、履行合同过程中实施骗取对方当事人财物，数额较大的，处三年以下有期徒刑或者拘役，并处或者单处

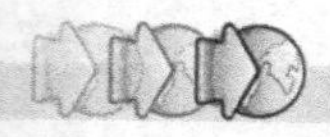


罚金；数额巨大或者有其他严重情节的，处三年以上十年以下有期徒刑，并处罚金；数额特别巨大或者有其他特别严重情节的，处十年以上有期徒刑或者无期徒刑，并处罚金或者没收财产。

（3）承担行贿罪的刑事责任。投标人向招标人或者评标委员会成员行贿，构成犯罪的，处三年以下有期徒刑或者拘役。单位犯前款罪的，对单位判处罚金，并对其直接负责的主管人员和其他直接责任人员，依照前款的规定处罚。

## 6.4.4 招标代理机构的法律责任

招标代理机构的法律责任是指招标代理机构在招标过程中对其所实施的行为应当承担的法律后果。

**1.《招标投标法》的相关规定**

《招标投标法》第五十条规定了招标代理机构的法律责任。依这一条款规定，招标代理机构承担民事责任的主要方式为赔偿责任和中标无效。

在 2017 年的修订中，将《招标投标法》第五十条第一款中的“情节严重的，暂停直至取消招标代理资格”修改为“情节严重的，禁止其一年至两年内代理依法必须进行招标的项目并予以公告，直至由工商行政管理机关吊销营业执照”。

招标代理机构因违法行为应承担的行政责任方式有：警告；责令改正；通报批评、对单位及直接负责任的主管人员和其他直接责任人员罚款，根据违法行为的轻重及所造成的后果，处以不同罚款额；禁止其一年至两年内代理依法必须进行招标的项目，直至吊销营业执照等。

**2. 其他法规的相关规定**

《工程建设项目货物招标投标办法》《工程建设项目招标投标活动投诉处理办法》《工程建设项目施工招标投标办法》《通信工程建设项目招标投标管理办法》等，对于招标代理机构的行政责任也做出了进一步详细的规定。

## 6.4.5 评标委员会成员的法律责任

评标委员会成员的法律责任，是指评标委员会成员在招标过程中对其所实施的行为应当承担的法律后果。

**1.《招标投标法》的规定**

《招标投标法》第五十六条规定，评标委员会成员收受投标人的财物或者其他好处的，评标委员会成员或者参加评标的有关工作人员向他人透露对投标文件的评审和比较、中标候选人的推荐以及与评标有关的其他情况的，给予警告，没收收受的财物，可以并处三千元以上五万元以下的罚款，对有所列违法行为的评标委员会成员取消担任评标委员会成员的资格，不得再参加任何依法必须进行招标的项目的评标；构成犯罪的，依法追究刑事责任。

**2. 相关法律法规的规定**

除《招标投标法》第五十六条规定外，其他一些部门规章，如《工程建设项目货物招标投标办法》《工程建设项目施工招标投标办法》《机电产品国际招标投标实施办法（试行）》《进一步规范机电产品国际招标投标活动有关规定》等，对评标委员会成员的相关行政法律

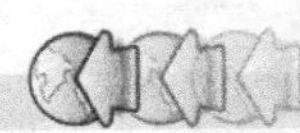



责任也做出了相关规定。

**3. 评标委员会成员因违法行为应承担的行政法律责任方式**

评标委员会成员因违法行为应承担的行政法律责任方式：警告；取消担任评标委员会成员的资格；有违法所得的没收违法所得；罚款，根据违法行为的不同处以不同的罚款额度等。

**4. 评标委员会成员承担刑事法律责任的方式**

评标委员会违反《招标投标法》第五十六条相关规定，构成犯罪的，依法应当承担受贿罪、侵犯商业秘密罪等刑罚。根据《最高人民法院、最高人民检察院关于办理商业贿赂刑事案件适用法律若干问题的意见》（2008 年 11 月 20 日）第六条的相关规定，依法组建的评标委员会在招标、评标活动中，索取他人财物或者非法收受他人财物，为他人谋取利益，数额较大的，依照刑法第一百六十三条的规定，以非国家工作人员受贿罪定罪处罚。

### 6.4.6　行政监督部门的法律责任

《招标投标法》第六十三条规定：对招标投标活动依法负有行政监督职责的国家机关工作人员徇私舞弊、滥用职权或者玩忽职守，构成犯罪的，依法追究刑事责任；不构成犯罪的，依法给予行政处分。

**1. 徇私舞弊**

行政机关工作人员，在监督过程中故意不依法履行职责，致使公共财产、国家和人民利益遭受重大损失的行为。

**2. 滥用职权**

国家机关工作人员超越职权，违法决定、处理其无权决定、处理的事项，或者违反规定处理公务，致使公共财产、国家和人民利益遭受重大损失的行为。

**3. 玩忽职守**

国家机关工作人员严重不负责任，不履行或者不认真履行职责，致使公共财产、国家和人民利益遭受重大损失的行为。

国家机关工作人员徇私舞弊、滥用职权或者玩忽职守，致使公共财产、国家和人民利益遭受重大损失，构成犯罪的，处三年以下有期徒刑或者拘役；情节特别严重的，处三年以上七年以下有期徒刑。国家机关工作人员徇私舞弊，犯前款罪的，处五年以下有期徒刑或者拘役；情节特别严重的，处五年以上十年以下有期徒刑。

## 习题

（1）通信工程招标投标活动招标方的风险包括________存在的经济风险、________造成的经济风险，以及________风险。

（2）通信工程招标投标活动项目投标方的风险包括________、________、________、________、________。

（3）承担民事责任的方式主要有________、________、________、________、________、________、________、________、________、________。

（4）行政处分包括________、________、________、________、________、________六种形式。

（5）招标投标活动中的行政处罚主要有________、________、________。

（6）刑罚主要分为主刑和附加刑两大类。主刑：________、________、________、________、________。附加刑：________、________、________、________。附加刑可以独立适用。

（7）招标人向他人透露招标文件的重要内容或可能影响公平竞争的有关招标投标的其他情况，招标人构成侵犯商业秘密罪的，处________，造成特别严重后果的，处________，并处罚金。

（8）投标人相互串通投标报价，损害招标人或者其他招标人利益的，情节严重的，处________，并处或单处罚金。

（9）简述招标人承担民事责任的违法行为。

（10）简述招标人承担行政法律责任的方式。

# 第7章 通信建设项目招标投标案例

**学习目标**

- 掌握通信建设项目招标投标违法、违规常见问题。
- 理解通信建设项目招标投标实际案例问题及处理方法。

在通信工程项目招标投标的实际工作中，会出现各种各样的问题。在目前招标投标法律体系日益完善，相关法律规定和行业监管越来越严格的趋势下，统一职业标准和行为规范，提高职业道德水平和专业素质，灵活运用法律、法规的相关条款，规范及统一通信工程项目招标投标工作内容和程序，是推动招标投标领域健康发展的重要因素。通过过往案例的学习，避免问题的再次发生，是招标投标从业人员的发展目标。

## 7.1 通信建设项目招标投标违法及违规常见问题

### 7.1.1 不遵守法定时限要求

**1. 法律规定**

（1）编制投标文件的合理时间。根据《招标投标法》规定，最短不得少于二十日。

（2）资格预审、招标文件的发售期。根据《招标投标法实施条例》规定，发售期不得少于五日。

（3）中标候选人公示时间。根据《招标投标法实施条例》第五十四条和《通信工程建设项目招标投标管理办法》的第三十七条规定，公示期不得少于三日。

（4）合同签订时间。根据《招标投标法》第四十六条的规定，招标人和中标人应当自中标通知书发出之日起三十日进行。

（5）依法备案时间。根据《招标投标法》第四十七条和《通信工程建设项目招标投标管理办法》第四十条的规定，招标人应当自确定中标人之日起十五日内，向有关行政监督部分提交招标投标情况的书面报告。

**2. 案例**

2016 年抽查 2015 年某省五个招标投标项目，其中三个项目存在未在法定期限内签订合同的问题，一个项目未按规定时间公示中标候选人。2015 年度某省联通美化外罩及一体化天线产品采购项目；2015 年度某工程移动及传送网设备安装、基站抱杆制作及安装、机房装修

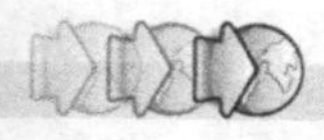


及市电引入、室内分布系统安装工程；2015 年某运营商 OSS 2.0 省分新建工程××省分节点集成服务与软件采购项目都存在未在法定期限内签订合同的问题。

### 7.1.2 招标应当公开招标而邀请招标

**1. 法律规定**

《招标投标法实施条例》第八条规定，国有资金占控股或者主导地位的依法必须进行招标的项目，应当公开招标；但有下列情形之一的，可以邀请招标。

（1）技术复杂、有特殊要求或者受自然环境限制，只有少量潜在投标人可供选择。

（2）采用公开招标方式的费用占项目合同金额的比例过大。

有前款第二项所列情形，属于本条例第七条规定的项目，由项目审批、核准部门在审批、核准项目时做出认定；其他项目由招标人申请有关行政监督部门做出认定。

《通信工程建设项目招标投标管理办法》第六条规定，国有资金占控股或者主导地位的依法必须进行招标的通信工程建设项目，应当公开招标；但有下列情形之一的，可以邀请招标。

（1）技术复杂、有特殊要求或者受自然环境限制，只有少量潜在投标人可供选择。

（2）采用公开招标方式的费用占项目合同金额的比例过大。

有前款第一项所列情形，招标人邀请招标的，应当向其知道或者应当知道的全部潜在投标人发出投标邀请书。

采用公开招标方式的费用占项目合同金额的比例超过 1.5%，且采用邀请招标方式的费用明显低于公开招标方式的费用的，方可被认定为有本条第一款第二项所列情形。

**2. 案例**

某运营商 2015 年企业终端设备采购时未发布资格预审公告或招标公告，采用只向通过集团公司测试的部分厂家发出邀请的邀请招标，且未向所有潜在投标人发出邀请。通过测试的共有八家企业，但该运营商只向四家潜在投标人发出了邀请函。

在此案例中，不符合邀请招标的条件，但是采用了邀请招标。

### 7.1.3 排斥潜在投标人

**1. 法律规定**

《招标投标法》第十八条规定，招标人不得以不合理的条件限制或者排斥潜在投标人，不得对潜在投标人实行歧视待遇。

《招标投标法实施条例》第三十二条规定，招标人不得以不合理的条件限制、排斥潜在投标人或者投标人。

招标人有下列行为之一的，属于以不合理条件限制、排斥潜在投标人或者投标人。

- 设定的资格、技术、商务条件与招标项目的具体特点和实际需要不相适应或者与合同履行无关。
- 以其他不合理条件限制、排斥潜在投标人或者投标人。

**2. 案例**

（1）某运营商 2015 年集团专线、驻地网及 IMS 工程施工项目，要求投标人提供垫资金

额承诺书，且在评标标准中以投标人垫资能力高低作为加分项。

（2）某运营商 2015 年传送网建设工程线路施工集中招标项目标段一，招标文件设置的资格条件超出项目本身对应的资质要求。

（3）某运营商 2015 年全省传输管线类施工服务招标采购项目的招标文件设置的资格条件以企业注册时间作为投标资格。

（4）某运营商 2015—2016 年工程可研及设计服务项目集中采购招标，以特定企业的业绩作为加分条件（评分标准中的“行业地位”要求该运营商的项目业绩）。

（5）某运营商 2015 年局用通信电源、空调系统新建工程滨湖 9 楼 IDC 机房建设项目低压配电柜、密集绝缘封闭母线槽采购项目投标资格设置要求与项目实际需要不匹配（合同第一次要求投标人注册资金 1 亿元以上，第二次要求投标人注册资金 5000 万元以上）。

（6）某运营商 2015—2016 年度通信工程监理服务集中采购地域保护。本地服务能力（3 分），具有本项目在本地的工程服务能力及快速响应能力的驻地机构得 3 分，在本地无驻地机构不得分。

（7）某运营商 2015 年 OSS 2.0 省分新建工程节点统一实施工程服务采购。本项目金额为 480 万元，要求投标人注册资本金不低于 2000 万元。业绩要求在运营商集团或总部层面组织的招标项目中至少中标一次。

（8）某运营商 2014 年长途传输网武汉—长沙—广州 100GWDM 系统新建工程等项目传输设备集中采购投标资格设计不合理，与项目实际需要不匹配（以 2013 年测试合格结果作为资格条件，未考虑新进投标人参加测试的时间，且 2013 年测试公告中明确测试结果仅适用当年的招标）。

（9）某运营商 2015 年度工程移动及传送网设备安装、基站抱杆制作及安装、机房装修及市电引入、室内分布系统安装工程招标，加分项中后评估对新进入者的给分过低。

（10）某运营商 2015 年光纤配线箱采购招标项目资格审查条款设置不合理（要求在两个以上国内电信运营商市级及以上分公司供货的经验）。

（11）某运营商 2016 年移动网建设室外基站建设工程施工招标项目资格条件要求必须有企业入渝备案证明。

（12）某运营商 2015 年局用通信电源、空调系统新建工程 IDC 机房建设项目低压配电柜、密集绝缘封闭母线槽采购项目投标资格设置不合理，与项目实际需要不匹配（一是要求投标人注册资金达到 1 亿元以上，二是要求参加及通过该运营商的性能测试并满足联通要求，未考虑新投标人参加测试的时间）。

（13）某运营商 2015 年电杆框架采购合同要求投标人的条件为 2012 年至今销售业绩大于 1000 万元。

## 7.1.4　集中招标未明确地域和份额

### 1. 法律规定

《通信建设项目招标投标管理办法》第二十三条规定，招标人进行集中招标的，应当在招标文件中载明工程或者有关货物、服务的类型，预估招标规模，中标人数量及每个中标人对应的中标份额等；对于工程或者有关服务进行集中招标的，还应当载明每个中标人对应的实施地域。

**2. 案例**

（1）某运营商 2015—2016 年通信工程建设项目监理服务集中采购招标文件中未明确招标项目规模及每个中标人的中标金额或份额。

（2）某运营商 2016 年度系统集成类项目设计集中采购招标文件中只规定中标人的份额，第一中标人 70%，第二中标人 30%，未明确地域。

（3）某运营商 2015—2016 年核心及骨干管线项目集中招标项目的招标文件未明确实施地域。

（4）某运营商 2015 年无线网宏基站设备安装工程项目集中招标项目的招标文件未明确实施地域。

### 7.1.5 招标公告、招标文件编制不规范

**1. 法律规定**

《通信建设项目招标投标管理办法》第十一条规定，资格预审公告、招标公告或者投标邀请书应当载明下列内容。

（1）招标人的名称和地址。

（2）招标项目的性质、内容、规模、技术要求和资金来源。

（3）招标项目的实施或者交货时间和地点要求。

（4）获取招标文件或者资格预审文件的时间、地点和方法。

（5）对招标文件或者资格预审文件收取的费用。

（6）提交资格预审申请文件或者投标文件的地点和截止时间。

招标人对投标人的资格要求，应当在资格预审公告、招标公告或者投标邀请书中载明。

《通信工程建设项目招标投标管理办法》第十四条规定，招标人应当在招标文件中以显著的方式标明实质性要求、条件以及不满足实质性要求和条件的投标将被否决的提示；对于非实质性要求和条件，应当规定允许偏差的最大范围、最高项数和调整偏差的方法。

**2. 案例**

（1）某运营商 2015 年光缆交接箱集中采购项目招标文件中对于技术规范部分否决性条款的描述不明确，且未以显著方式标明。

（2）某运营商 2015 年省干线路施工集中采购项目招标文件中未以显著的方式标明实质性条款和不满足实质性条款将被否决的提示。

（3）某运营商 2015 年 OSS 2.0 省分新建工程节点统一实施工程服务采购招标文件的投标人须知正文中“8.2 不再招标”条款规定：重新招标后投标人仍少于 3 人，按法规程序开标和评标，确定中标人，经评审无合格投标人，属于审批或核准项目的，报经原审批部门可以不再招标，其他项目招标人可以自行决定不再招标。

（4）某运营商 2015—2016 年核心及骨干管线项目招标文件中关于安全生产费用的计列与支付描述不明确。

（5）某运营商 2015 年光缆交接箱集中采购项目招标文件或招标公告中未详细载明提交投标文件的地点。

（6）某运营商 2015 年局用通信电源、空调系统新建工程滨湖 9 楼 IDC 机房建设项目低压配电柜、密集绝缘封闭母线槽采购项目资格预审合格通知书（代替投标邀请书）未载明获

取招标文件的时间。

（7）某运营商 2015 年省干线路施工集中采购项目投标邀请书未载明获取招标文件的时间。

（8）某运营商 2015 年钢筋混凝土预制 3#标准及加深手孔一体化人井采购项目允许招标人对中标数量进行调整，且要求中标人承诺当采购数量发生变化时必须保证价格不变。

（9）某运营商 2015 年部分区域管道施工招标文件与签订的施工合同中关于分包的要求不一致（招标文件规定不得分包，但是施工合同中规定施工方在得到发包书方面许可的情况下可以分包）。

## 7.1.6　评标定标阶段不合法合规

**1．法律规定**

（1）评标委员会的组建

《招标法》第三十七条规定，依法必须进行招标的项目，评标委员会成员人数为五人以上单数，其中技术、经济等方面的专家不得少于成员总数的三分之二。

《通信工程建设项目招标投标管理办法》第三十条规定，依法必须进行招标的通信工程建设项目的招标人应当通过“管理平台”抽取评标委员会的专家成员。

（2）评标行为

《招标投标法实施条例》第四十九条规定，评标委员会成员应当依照《招标投标法》和本条例的规定，按照招标文件规定的评标标准和方法，客观、公正地对投标文件提出评审意见。招标文件没有规定的评标标准和方法不得作为评标的依据。

**2．案例**

（1）某运营商 2015—2016 年可研及设计服务项目集中采购招标未通过“管理平台”抽取专家。

（2）某运营商 2015 年度美化外罩及一体化天线产品采购抽取 18 次未抽到专家后，未从通信工程建设项目招标投标管理信息平台抽取专家，无专家抽取记录。

（3）某运营商 2015 年 OSS 2.0 省分新建工程节点统一实施工程服务采购评分标准中的服务团队、售后服务能力中设置要求投标人提供评定为优秀的评分表，但若评分表考核结果为百分制，则 90 分以上定为优秀，若考核为 10 分制，8 分以上为优秀。

（4）某运营商 2015 年第二批 IP 微波招标采购项目部分评标专家不能客观公正地进行打分（对“接到供货通知书七个工作日后供货”给 0 分，对“接到供货通知书十个工作日后供货”给 2 分）。

（5）某运营商 2015 年 LTE 无线网工程施工集中招标项目部分评标专家未严格按照评标标准进行打分（四名专家打出评分标准规定以外的分值）。

（6）某运营商 2015 年 WCDMA 网工程 U900 设备采购部分投标人低于成本价投标且中标，评标专家对低于成本价的投标未提出否决意见（三家投标人中有两家投标人新建工程部分采用零元报价）。部分评标专家未严格按照招标文件载明的评标标准进行评标，评分偏差较大（即部分专家在对“项目负责人需求”项评分时对满足条件的不同投标人给出不同分数）。

（7）某运营商 2014 年基础网络项目、平台项目、移动项目设计单位招标集中采购招标文件未载明全部评标标准和评分细则，评标时由招标人提供详细的评分细则。

（8）某运营商 2015—2016 年铝芯电缆招标项目部分评标专家未严格按照招标文件载明的评标标准进行评标（对售后服务 15 分值打出 16 分）。

（9）某运营商 2015 年数字光纤拉远系统采购项目部分评标专家未严格按照招标文件载明的评标标准进行评标，未否决违反实质性要求的投标文件（中标单位投标文件一览表中的产品型号规格与送样产品检测报告的型号规格描述不一致。中标单位投标文件中的合同关键页复印件未按招标文件规定加盖单位公章，仅有整个文件加盖的骑缝章）。

（10）某运营商 2015 年传送网建设工程线路施工集中招标项目的投标人某一标段的资质不符合要求。

（11）某运营商 2015 年电源配套设备集中采购项目第二次招标评标报告与其他归档资料中的部分内容不一致（评标报告中与其他归档资料的“资格后审评审汇总表”中关于其中一个单位的否决投标记录不一致）。

（12）某运营商 2015 年传送网建设工程线路施工集中招标项目的投标人参与的标段均未按要求应答。

（13）某运营商 2015 年度工程移动及传送网设备安装、基站抱杆制作及安装、机房装修及市电引入、室内分布系统安装工程评委打分（商务分）异常，不符合公正原则。

（14）某运营商 2015 年中国联通甘肃网络建设工程监理单位招标评标报告内容不规范（无开标记录）。

### 7.1.7 评标报告和合同签订

**1. 法律规定**

《通信工程建设项目招标投标管理办法》第三十六条规定，评标报告应当包括下列内容。

（1）基本情况。

（2）开标记录和投标一览表。

（3）评标方法、评标标准或者评标因素一览表。

（4）评标专家评分原始记录表和否决投标的情况说明。

（5）经评审的价格或者评分比较一览表和投标人排序。

（6）推荐的中标候选人名单及其排序。

（7）签订合同前要处理的事宜。

（8）澄清、说明、补正事项纪要。

（9）评标委员会成员名单及本人签字、拒绝在评标报告上签字的评标委员会成员名单及其陈述的不同意见和理由。

**2. 案例**

（1）某运营商 2014 年总部直管基础网络项目、平台项目、移动项目设计单位招标集中采购未在中标通知书发出之日起三十日内签订合同。

（2）某运营商 2015 年度工程移动及传送网设备安装、基站抱杆制作及安装、机房装修及市电引入、室内分布系统安装工程评委均为省公司人员，当天抽取八次，当天评标且未及时签订合同。

（3）某运营商 2015—2016 年度光分路箱及光分纤箱采购，专家抽取十二次，未及时签订合同。

（4）某运营商 2015 年度美化外罩及一体化天线产品采购框架合同只标明单价，没有规模和数量，且未及时签合同。

（5）某运营商 2016 年度系统集成类项目设计集中采购评标标准：价格 50 分，商务 50 分，除价格外全是客观分，导致所有评标专家得分一致。合同未在规定时限内签订（发出中标通知书三十日之后才签合同）。

（6）某运营商 2015—2016 年度防鼠光缆集中采购、某运营商 2015 年省分新建工程节点统一实施工程服务采购等六个项目超时。

（7）某运营商 2015 年 IT 硬件设备集中采购合同签订时间早于中标通知书发出时间。

（8）某运营商 2015 年宽带接入用综合配线箱集中采购合同中未明确中标金额等（只有单价）。

（9）某运营商 2015 年宽带接入用综合配线箱集中采购合同模板的条款关于运输费用谈判的要求不合理（要求中标人允许对运输费报价进行二次谈判，且规定中标人不同意则终止协议合同）。

（10）某运营商 2015 年第二批有线接入网施工项目未公示中标候选人，仅公示中标人。

（11）某运营商 2014 年总部直管基础网络项目、平台项目、移动项目设计，招标集中采购未在收到评标报告之日起三日内公示中标候选人。

# 7.2 通信建设项目招标投标案例分析

## 7.2.1 投标文件接收与唱标

**1．背景**

某工程货物采购招标项目在投标截止时间前收到了投标人 A、B、C 提交的三份投标文件。投标截止时间后一分钟，投标人 D 向招标人提交了投标文件。招标人接收了这四份投标文件，并按以下程序组织了开标。

（1）宣布收到有效投标文件的投标人名单。

（2）介绍有关嘉宾、主持人、唱标人、记录人和监标人名单。

（3）投标人代表查验投标文件的密封情况，均符合要求。

（4）组织唱标，按照投标文件递交的先后次序，唱标人依次唱出了投标人 A、B、C、D 的报价、投标保证金的合格与否、供货期等内容，并记录在案，其中投标人 B 没有递交投标保证金，招标人宣布其投标为废标。

（5）主持人依次询问投标人 A、B、C、D 无异议后，要求其在唱标记录上进行签字确认。

（6）宣布注意事项，开标结束。

**2．问题**

（1）开标过程中，组织有关公证人员或投标人代表检查投标文件密封情况的目的是什么？

（2）指出招标人开标组织中存在哪些问题，给出正确做法。

**3. 分析**

（1）《招标投标法》第三十六条规定，开标时，由投标人或者其推选的代表检查投标文件的密封情况，也可以由招标人委托的公证机构检查并公证；经确认无误后，由工作人员当众拆封，宣读投标人名称、投标价格和投标文件的其他主要内容。《招标投标法》规定的密封检查，最终目的是检查拟开标的投标文件与受理的投标文件的一致性。

（2）《招标投标法》第二十八条规定，在招标文件要求提交投标文件的截止时间后送达的投标文件，招标人应当拒收。

《招标投标法》规定的密封检查，不是检查投标人对全套投标文件是否密封完好，是否有效，因为这属于招标人在投标文件受理过程解决的问题。

《招标投标法》第三十六条规定，招标人在招标文件要求提交投标文件的截止时间前收到的所有投标文件，开标时都应当当众予以拆封、宣读。这里的"提交投标文件的截止时间前收到的所有投标文件"，指的是招标人已经按照招标文件规定的受理条件正式受理的投标文件。所以，在开标会议上，招标人的主要工作就是在投标人及其他监督人员监督下，依据开标的程序与内容组织开标。招标人组织唱标过程中不得对唱标内容进行评判，下合格与否的结论。

依照《招标投标法》，判定一份投标文件及投标保证金合格与否，属于评标委员会的职责范围，而开标时投标文件还没有经过评标委员会的评审，此时不能判定一份投标文件是否合格。

## 7.2.2 开标组织过程及特殊事件处理分析

**1. 背景**

某依法必须进行招标的工程施工项目采用资格后审组织公开招标，在投标截止时间前，招标人共受理了六份投标文件，随后组织有关人员对投标人的资格进行审查，查对有关证明、证件的原件。有一个投标人没有派人参加开标会议，还有一个投标人少携带了一个证件的原件，没能通过招标人组织的资格审查。招标人对通过资格审查的投标人 A、B、C、D 组织了开标。投标人 A 没有递交投标保证金，招标人当场宣布 A 的投标文件为无效投标文件，不进入唱标程序。唱标过程中，投标人 B 的投标函上有两个投标报价，招标人要求其确认了其中一个报价进行唱标；投标人 C 在投标函上填写的报价，大写与小写不一致，招标人查对了其投标文件中工程报价汇总表，发现投标函上报价的小写数值与投标报价汇总表一致，于是按照其投标函上的小写数值进行了唱标；投标人 D 的投标函没有盖投标人单位印章，同时又没有法定代表人或其委托代理人签字，招标人唱标后，当场宣布 D 的投标为废标。招标人认为有效投标少于三家，不具有竞争性，否决了所有投标。

**2. 问题**

（1）招标人确定进入开标或唱标投标人的做法是否正确？为什么？如果不正确，正确的做法是什么？

（2）招标人在唱标过程中针对一些特殊情况的处理是否正确？为什么？

（3）开标会议上，招标人是否有权否决所有投标？为什么？给出正确的做法。

**3. 分析**

本案涉及招标人、投标人和行政监督部门在开标会议上的权利问题。《招标投标法》第

三十五条和第三十六条分别规定，开标由招标人主持，邀请所有投标人参加，开标时由投标人或者其推选的代表检查投标文件的密封情况，也可以由招标人委托的公证机构检查并公证。经确认无误后，由工作人员当众拆封，宣读投标人名称、投标价格和投标文件的其他主要内容。

同时，第三十六条还规定，招标人在招标文件要求提交投标文件的截止时间前收到的所有投标文件，开标时都应当当众予以拆封、宣读。所以在开标会议上，招标人行使的是依据招标文件规定的程序，对受理的投标文件当众开标的权利；投标人、行政监督部门监督招标人的开标程序、开标内容等的合法性。

在这一过程中，任何一方均没有对投标文件的评审和比较权利，也没有确定一个投标是否满足招标文件要求的权利，因为《招标投标法》将依据招标文件中确定的评标标准和方法，将评审与比较投标文件的职责赋予了招标人依法组建的评标委员会。

### 7.2.3　投标文件在截止时间前受理检查

**1. 背景**

某国内货物采购招标项目，招标文件规定投标截止时间为某年某月某日上午 10:00。在投标截止时间前几秒钟，投标人 A 携带全套投标文件跨进了投标文件接收地点某会议室，但距离招标人安排的投标文件接收人员的办公桌还需要走 20 秒。投标人 A 将投标文件递交给投标文件接收人员时，时间已经超过了上午 10:00。此时是否应该接收投标人 A 的投标文件，是否应该检查该份投标文件封装和标识是否满足招标文件的要求，招标人意见不统一，有以下两种截然相反的意见。

（1）应该受理，这样多一个投标人投标，有利于竞争，有利于招标人从中选择符合采购要求的货物产品。

（2）不能受理，因为招标人需要检查投标文件的封装和标识，加之投标人 A 递交投标文件的时间已经超过了上午 10:00，如果受理则会引起其他投标人投诉，给招标人带来风险。

**2. 问题**

（1）分析这两种意见正确与否，说明理由。

（2）应怎样处理该份投标文件？为什么？

**3. 分析**

招标人决定是否受理一份投标文件的依据是该投标文件是否满足受理条件，即是否在投标截止时间前送达指定地点，密封和标识是否满足招标文件的要求，不能单凭投标人递交的时间决定是否受理一份投标文件。

《招标投标法》第二十八条规定，投标人应在招标文件规定的投标截止时间前将投标文件送达投标地点，这里的地点为招标文件中明确的投标文件接收地点，一般为某房间或某会议室，而不是投标文件接收人员在该房间内的所处地点。

注意，判定一份投标文件是否在投标截止时间前送达投标地点，不应包括登记及检查投标文件是否满足招标文件对封装和标识要求的时间。

### 7.2.4　开标现场报价问题

**1. 背景**

在某通信铁塔施工招标项目开标过程中，投标人 A 指出投标人 B 的报价远低于其他投标人的报价，并向招标人提交了书面质疑材料。

**2. 问题**

招标人及评标委员会应如何处理？

**3. 分析**

（1）相关知识点及对应法律法规。

《通信工程建设项目招标投标管理办法》第二十七条第二款规定，投标人认为存在低于成本价投标情形的，可以在开标现场提出异议，并在评标完成前向招标人提交书面材料。招标人应当及时将书面材料转交评标委员会。

《通信工程建设项目招标投标管理办法》第三十三条规定，评标过程中，评标委员会收到低于成本价投标的书面质疑材料、发现投标人的综合报价明显低于其他投标报价或者设有标底时明显低于标底，认为投标报价可能低于成本的，应当书面要求该投标人做出书面说明并提供相关证明材料。招标人要求以某一单项报价核定是否低于成本的，应当在招标文件中载明。

投标人不能合理说明或者不能提供相关证明材料的，评标委员会应当否决其投标。

（2）开标现场，招标人在开标记录表处记录“投标人 A 指出投标人 B 的报价远低于其他投标人的报价”的情况，然后在评标现场把该情况反馈给评标委员会。

评标过程中，评委的做法参照《通信工程建设项目招标投标管理办法》第三十三条。

## 习题

（1）资格条件设置。

某通信建设项目拟通过公开招标的方式采购信息设备，招标人在信息设备招标公告中载明：投标产品应具备 3C 认证，且应通过国内某通信运营商的技术测试。

问题 1：使用国内另一通信运营商技术测试结果作为资格条件是否合理？

问题 2：如果在招标公告中未载明“信息设备投标产品应具备 3C 认证”，在评标阶段对未取得 3C 认证的投标产品应如何处理？

（2）招标文件发售问题。

某公开招标项目采用资格后审，招标公告中要求购买招标文件时应携带并现场出示施工资质证书、企业安全生产许可证、税务信息表、营业执照和税务登记证复印件。招标人在潜在投标人购买招标文件时对其携带的证明材料按招标文件规定的资格条件进行审查，仅向符合条件的潜在投标人发售招标文件。经过审查发现以下情况：

① 潜在投标人 A 公司的代表甲携带证明材料已购买了招标文件，次日 A 公司的代表乙也携带证明材料前来购买招标文件。

② 潜在投标人 B 公司的分公司代表携带分公司的相关材料前来，以分公司名义购买招

标文件。

问题 1：招标人在潜在投标人购买招标文件时对其携带的证明材料按招标文件规定的资格条件进行审查，仅向符合资格条件的潜在投标人发售招标文件的做法是否合理？

问题 2：对于潜在投标人 A 公司的代表乙前来购买招标文件应如何处理？

问题 3：是否应向潜在投标人 B 的分公司出售招标文件？

（3）招标文件澄清。

某公开招标项目，招标人通过澄清方式对招标文件进行了两次变更。

第一次变更：在投标截止时间前一天，招标人修改了准备文件中关于业绩的提交方式，由“提交复印件”变更为“提交复印件并同时提交原件以供核查”，同时顺延投标截止时间十五日。

第二次变更：开标前两日，招标人由于临时重大会议召开，开标时间和地点均需变更。投标截止时间推迟两日，递交地点变更为同一大厦另一会议室。

问题 1：第一次变更是否妥当？

问题 2：第二次变更，招标人该如何处理？

（4）投标文件封装。

某移动公司招标项目，招标人在招标文件规定的开标现场门口安排专人接收投标文件，并填写“投标文件接收登记表”。招标文件规定，投标文件正本、副本分开包装，并在封套上标记“正本”或“副本”字样，同时在开口处加贴封条，在封套的封口处加盖投标人公章，否则不予受理。投标人 A 在投标截止时间前半小时携带投标文件到达现场，但其两个档案袋上均未标记“正本”或“副本”字样。投标人 B 在临近投标截止时间到达投标文件递交现场，其投标文件外包装有缝隙，存在内容泄密的可能，而递交人表示为随手携带封条，无法对投标文件外包装进行密封处理。投标人 C 在临近投标截止时间到达投标文件递交现场，但其投标文件未按招标文件要求进行密封，而是简单地用手提袋装入投标文件后订了几个订书钉。投标人 D 邮寄的招标文件在投标截止时间前送达招标文件规定的地点，但邮包表面未注明任何投标信息。投标人 E 在 ES 系统内未按时上传投标文件。

问题：对投标人 A、B、C、D、E 的投标文件分别应如何处理？

（5）参加开标人员。

某招标项目，招标文件未明确要求投标人必须派授权代表携带有效身份证明参加开标会议。在投标文件递交截止时间前，招标人共收到了七份投标文件，投标人 A 未派代表参加开标会议，投标人 B 的参会代表未携带有效的身份证明，投标人 C 的参会代表与投标文件中授权委托书中的授权代表姓名不一致。招标人在核实了投标人的授权代表身份后，宣布投标人 A、B、C 投标无效，仅对身份验证的剩余投标人组织了开标。

问题：招标人的做法是否正确？

（6）开标特殊情形一。

在开标过程中，A 投标人的投标函上有两个投标价格，招标人要求其确认其中一个报价并进行了唱标；B 投标人的投标函无单位盖章、无法人代表或法人代表授权人签字，招标人宣布其投标文件无效，不予唱标并退还其投标文件；C 投标人和 D 投标人无异常，招标人对其进行正常唱标。由于仅剩 C、D 两个有效投标人，招标人认为有效投标人不足三家，不具备竞争性，当场否决了所有投标并宣布招标失败。

问题：招标人在开标过程中有哪些错误？说明理由。

（7）开标特殊情形二。

某招标项目，招标文件规定投标函中的报价部分以投标一览表中的报价为准，投标保证金应与投标函和投标一览表封装于同一密封包装内。在开标现场，招标人发现如下情况。

① 投标人 A 投标保证金以银行保函的形式提交，但仅提供了银行保函复印件，未提供银行保函原件。

② 投标人 B 投标一览表中投标报价的大小写数字不一致。

③ 投标人 C 的投标报价与其他投标人的投标报价差异特别大。

④ 投标人 D 提交的投标文件仅有报价文件，并无其他文件。

⑤ 投标人 E 在开标完成后提出其投标报价一览表中的报价与明细报价不一致，要求对开标价格进行修正。

⑥ 投标人 F 的开标一览表未填写任何内容，招标人在纪检人员的监督下交予投标人 F 并确认之后做了如实记录。开标现场有投标人 G 向招标人询问投标人 F 的投标将如何处理。

⑦ 由于投标的产品种类过多且有很多配件价格，在开标现场，投标人提出可否只选择主要产品进行唱价。

问题 1：针对投标人 A、B、C、D、E、G 的情况，招标人应如何处理？

问题 2：针对投标人提出只选择主要产品进行唱价的意见应如何处理？

（8）开标过程中异议。

某通信工程建设招标项目，在开标时投标人 A 对投标人 B 的投标报价提出异议，认为投标人 B 的投标报价低于成本价。招标代理机构在开标记录表上如实记录上述情况，并要求投标人 A 在评标结束前提交书面材料。直到评标结束后，投标人 A 未向招标代理机构/招标人提出书面材料。评标委员会对投标人 A 在开标现场提出的异议未做处理。投标人 A 得知后向行政监督部门提起投诉。

问题 1：行政监督部门受理了投标人 A 的投诉，向招标人调查相关情况。招标人应如何处理？

问题 2：评标委员会的处理是否正确？

（9）资格审查。

某招标项目，招标文件规定投标文件必须提供有效的营业执照副本复印件、泰尔认证证书复印件、安全生产许可证复印件，否则视为未实质性响应。并要求投标人另行提供以上资质文件的原件，用于查验。在初步评审阶段，评标委员会发现以下问题。

投标人 A 未提供营业执照副本复印件，但其在购买招标文件时提供了有效的营业执照副本复印件。部分评标专家认为，该投标人购买招标文件时提供的营业执照副本复印件符合要求，可视为合格的文件；部分评标专家认为应向投标人 A 发出澄清，要求其补充提供营业执照副本复印件；部分评标专家认为投标人的投标文件未提供有效的营业执照副本复印件，应否决其投标。

投标人 B 的安全生产许可证的有效截止时间为投标文件递交截止时间后第三天，评标委员会一致认为该证书无效。

投标人 C 的安全生产许可证已过期，评标委员会向投标人发出澄清。经澄清，投标人 C 的新的证书正在办理中，新证还未颁发。评标委员会一致认为该证书有效。

投标人 D 提供的泰尔认证证书已过期，评标委员会向投标人发出澄清。经澄清，投标人 D 补充提供新的有效的泰尔认证证书。评标委员会一致认为该证书有效。

投标人 E 提供的泰尔认证证书上的编号与泰尔官方网站上查询到的编号不一致。评标委员会根据招标文件的规定“如果投标人弄虚作假，提供虚假材料的，投标文件将被否决”，否决其投标。

投标人 F 未提供安全生产许可证复印件，只提供了原件。评标委员会以原件为评审依据，认为该文件符合要求。

问题 1：评标委员会是否可以以投标人 A 在购买招标文件时提供了有效的营业执照复印件为由视为该投标人具有该文件，符合招标文件要求？评标委员会向投标人 A 发出澄清，要求其补充提供营业执照副本复印件，是否正确？

问题 2：评标委员会对投标人 B、C、D、E 的处理是否正确？

问题 3：评标委员会以投标人 F 的安全生产许可证原件为评审依据，是否正确？

（10）价格评审。

某通信工程货物采购招标项目，在评标阶段，评标委员会认为其中四个投标人的投标报价可能存在低于成本价的情况。

投标人 A 的报价为 0，评标委员会直接认定该投标人报价低于成本价，否决其投标。

评标委员会要求投标人 B 对其报价是否低于成本价进行澄清，并说明货物的主要原材料、生产消耗、其他管理费用等主要成本。投标人 B 提交书面回复，说明其主要原材料、生产消耗成本，但其他管理费用因无法分摊，不能给出明确数据。评标委员会通过投标人 B 的澄清回复计算得出，投标人 B 货物的主要原材料、生产消耗之和小于投标报价。

投标人 C 报价中的两项产品为外购产品，评标委员会发现该两项产品报价明显低于市场销售价格，评标委员会要求投标人 C 对其报价是否低于成本价进行澄清。投标人 C 澄清回复中提供了两项产品原厂商与其签署的报价书，该报价书中的两项产品价格之和大于投标人 C 的投标报价。评标委员会认定投标人 C 的报价低于成本价，否决其投标。

评标委员会要求投标人 D 对已报价是否低于成本价进行澄清，投标人 D 拒绝回复。

问题 1：评标委员会直接否决投标人 A 的投标是否妥当？

问题 2：对于投标人 B，评标委员会应如何处理？

问题 3：评标委员会直接否决投标人 C 的投标是否妥当？

问题 4：对于投标人 D，评标委员会应如何处理？

# 附录 1　招标文件格式实例及重点要求

| 章　节 | 内　容 | 重点要求 | 备　注 |
| --- | --- | --- | --- |
| 第 1 章 | 投标邀请书/公告 | 时间、地点、资格要求、联系方式 | 购买文件、索取电子版、回执确认 |
| 第 2 章 | 投标人须知 | 标段划分原则；同类项目定义；投标人需提交内容模式的要求；投标人应回避的情况；疑问截止提交时间、疑问答复形式及时间、投标保证金、招标文件密封要求；投标文件组成建议；招标文件构成；投标报价要求等 | |
| 第 3 章 | 评标方法 | 评审标准；是否存在不合理或算术错误；经济分占比，扣分步长；技术、商务是倾向主观还是客观，或者是兼顾主客观因素；澄清或补正要求 | |
| 第 4 章 | 合同范本 | 中标后应签订的合同范本；保密协议；安全责任 | |

# 附录 2　评分方法举例

| 评 分 因 素 | 分值 | 评 审 内 容 | 评 审 标 准 |
| --- | --- | --- | --- |
| 经济分占比 | 40 | 采用二次平均值法 | 以有效投标人报价降点数换算为折扣率后采用二次平均值法计算价格得分 |
| 技术力量 | 4 | 企业骨干人员情况汇总表 | 考察投标单位骨干人员获取的职业/执业资格证书（CCIE 证、CCNP 证、建造师证、项目经理证、PMP 证）情况，优得 4 分，良得 3 分，中得 1～2 分，差得 0 分，评分分值最多保留小数点后一位 |
| 获奖情况 | 2 | 近三年类似项目获奖情况表 | 依据 2011—2013 年获得的类似项目优质工程获奖情况评分。投标人获得部级奖项（由中华人民共和国工业和信息化部或中华人民共和国住房和城乡建设部颁发的奖项）的，按金奖/一等奖，每项目加 1.5 分；银奖/二等奖，每项目加 1 分；铜奖/三等奖，每项目加 0.5 分。累计超过 2 分的，按 2 分计算 |

续表

| 评分因素 | 分值 | 评审内容 | 评审标准 |
|---|---|---|---|
| 施工经验 | 5 | 近三年完成的类似项目业绩情况表 | 比较投标人在 2011—2013 年承接过的类似项目不得超过 50 份，超过 50 份合同的按顺序取前 50 名，以每个投标人的合同总金额进行排序；合同总金额大于等于最高金额的 80%的得 5 分；合同总金额大于等于最高金额的 60%且低于最高金额的 80%的得 4 分；合同总金额大于等于最高金额的 40%且低于最高金额的 60%的得 3 分；合同总金额低于最高金额的 40%的得 2 分 |
| 服务意识 | 8 | 服务响应措施 | 考察投标人与招标人沟通的渠道与措施；对待投诉的处理方法；服务回访制度；遇到紧急任务时，赶赴现场的反应时间；对招标人提出方案改变的确认时间，优得 7～8 分，良得 5～6 分，中得 3～4 分，差得 0～2 分，评分分值最多保留小数点后一位 |
| 公司综合服务能力评估 | 8 | 近两年省级运营商服务评估结果 | 依据投标人所提供的近两年在各个运营商的服务情况评估结果，考察其参与项目复杂程度、多专业协同能力、在各运营商的服务评价情况，进行综合评估。按综合情况优劣评分，优得 7～8 分，良得 5～6 分，中得 3～4 分，差得 0～2 分，评分分值最多保留小数点后一位 |
| 施工组织方案 | 8 | 施工组织方案 | 考察投标单位施工组织方案的严谨、合理、科学与实用性，对工程施工管理、文件管理的完整性、确保工程进度的措施、对招标项目的施工难点的预见及处理办法等方面进行综合评价。按方案优劣分优、良、中、差四个等级，优得 7～8 分，良得 5～6 分，中得 3～4 分，差得 0～2 分，评分分值最多保留小数点后一位 |
| 施工质量保证 | 6 | 施工组织方案 | 考察施工单位的施工质量以及安全保障措施、方法、手段等。按应答措施的优劣分优、良、中、差四个等级，优得 6 分，良得 4 分，中得 3 分，差得 2 分 |
| 核心人员 | 4 | 项目核心人员配备表 | 根据招标文件中的“项目组核心成员表”评估投入本地市的项目组核心成员的资历素质。优得 4 分，良得 3 分，中得 2 分，差得 1 分 |
| 施工队伍及工具配备 | 6 | 拟投入本工程的人员、主要施工机械设备表 | 根据投标人在招标项目承诺投入的人员（不含核心成员）、工具（含仪表、交通）配备情况进行评价打分，包括人员的数量、素质及投入的稳定性，项目负责人的资格资历、经验、获取的职业/执业资格证书（CCIE 证、CCNP 证、建造师证、项目经理证、PMP 证）情况。按应答情况的优劣分优、良、中三个等级，优得 5～6 分，良得 3～4 分，中得 0～2 分 |
| 额外服务承诺 | 8 | 额外服务承诺 | 考察投标人对招标文件规定以外的服务承诺。按优劣分优、良、中、差四个等级，优得 6～8 分，良得 3～5 分，中得 1～2 分，差得 0 分，评分分值最多保留小数点后一位 |
| 投标文件制作质量 | 1 | 投标文件 | 投标文件格式和内容严格按照招标文件要求编制；同时文字清晰，内容完整，装订整齐，目录清晰，查找方便；正文有页码，图纸、表格等有编号；按优劣分优、良、中三个等级，优得 1 分，良得 0.5 分，中得 0 分 |

# 附录3　投标文件的质量评定举例

| 评　价 | 投标文件特点 | 可 能 原 因 |
|---|---|---|
| 优秀 | 内容全面，主题明确<br>针对性强，了解需求<br>条例清晰，结构完整<br>报价准确，制作精美 | 牵引工作到位<br>需求分析透彻<br>团队配合默契<br>经验知识传承 |
| 良好 | 内容全面具体<br>结构条理性好<br>报价偏低 | 对自己分析好<br>缺少竞争对手研究<br>资源支撑合理 |
| 中等 | 主要内容齐全，缺亮点<br>条理不清，应付显仓促 | 平时准备不足<br>团队人力不足<br>内部流程不畅 |
| 较差 | 内容不齐，错误明显<br>前后矛盾，编排混乱 | 投标人水平有限<br>内部流程不清无法支撑<br>平时无积累或重点研究 |

# 参考文献


［1］全国招标师职业资格考试辅导教材指导委员会. 招标采购专业实务[M]. 北京：中国计划出版社，2015.

［2］全国招标师职业资格考试复习指导丛书编写委. 招标采购专业知识与法律法规[M]. 北京：中国计划出版社，2015.

［3］全国招标师职业资格考试复习指导丛书编写委. 招标采购项目管理[M]. 北京：中国计划出版社，2015.

［4］邓晓东，等. 探讨通信设计领域招标投标经济风险分析及对策[J]. 数字通信世界，2017（7）.

［5］屠青青. 通信建设工程招标投标活动特点分析及对策思考[J]. 通信与信息技术，2016（2）.

［6］李绪靖. 通信建设工程招标投标活动特点分析及对策[J]. 通讯世界，2017（7）.